科学探索小实验系列丛书

探索岩石、天体中的科学

宫春洁　杨春辉　何　欣／编著

吉林人民出版社

图书在版编目(CIP)数据

探索岩石、天体中的科学 / 宫春洁,杨春辉,何欣
编著 . –– 长春:吉林人民出版社,2012.7
(科学探索小实验系列丛书)
ISBN 978-7-206-09168-1

Ⅰ.①探… Ⅱ.①宫… ②杨… ③何… Ⅲ.①地质学
–普及读物②天文学–普及读物 Ⅳ.①P-49

中国版本图书馆CIP数据核字(2012)第161935号

探索岩石、天体中的科学

TANSUO YANSHI、TIANTI ZHONG DE KEXUE

编 著:宫春洁 杨春辉 何 欣
责任编辑:周立东   封面设计:七 洱
吉林人民出版社出版 发行(长春市人民大街7548号 邮政编码:130022)
印   刷:北京市一鑫印务有限公司
开   本:670mm×950mm   1/16
印   张:12   字   数:138千字
标准书号:ISBN 978-7-206-09168-1
版   次:2012年7月第1版   印   次:2023年6月第3次印刷
定   价:38.00元

如发现印装质量问题,影响阅读,请与出版社联系调换。

前　言

主题情节连连看

《科学探索小实验系列丛书》中的七个主题范围能够帮助你了解本书的内容。

第一个主题"揭开科学神秘的面纱"，介绍了科学的本质和科学研究方法中的基本要素，例如：提问题，做假设或进行观察。活动中有许多谜语和具有挑战性的难题。"情景再现"系列由一组科学奥林匹克题组成。

第二个主题"探索物质和能的奥秘"，介绍了许多基本的科学概念，例如：原子、重力和力。这个主题涉及物理和化学领域的一些知识。"情景再现"系列包含比任何魔术表演都更有趣的科学表演——因为你明白了这些"把戏"的秘密。

第三个主题"探索人类的潜能与应用科学"，涉及生理学、心理学和社会学等方面的知识。"情景再现"系列则着眼于人类基本的视觉、听觉、触觉、嗅觉和味觉。应用科学讲述的是工艺学和一些运用科学来为我们服务的方法。"情景再现"部分集中研究飞行，也包括几种纸飞机和风筝的设计。

第四个主题"探索我们生活的环境"，从简单环境意识的训练入手，接着是讲述生态系统的运作原理，最后以广博的"情景再现"系列结束。这一系列讲述了许多我们面临的环境问题，这个系列的一个重要特征是它包括有关判断和决策的各项活动。

第五个主题"探索岩石、天体中的科学",涉及地质学的知识,即对地球内部和外部的研究,简单的分类活动也被列在其中。"情景再现"系列讲的是岩石的采集,包括采集样本、测试和分析。有关天体讲述的是浩瀚宇宙中的地球。活动范围覆盖了天文学和占星术,包括有关月亮、太阳、恒星和其他行星的知识。

第六个主题"探索生物中的科学",运用了比岩石、天体部分更进一步的分类技巧,这是因为对生物进行研究,难度更大。"情景再现"系列讲述了绿色植物、真菌和酵母的培植。研究动物包括哺乳动物、鸟类、昆虫、鱼类、爬行动物和两栖动物。活动的范围从某类动物的特征和适应能力到对不同种类动物的对比。"情景再现"部分集中于对动物的观察。观察的办法是去它们的栖息地或让这些动物走近你,例如:去昆虫动物园。

第七个主题"探索天气中的科学",始于有关空气特性的活动,而后是有关雨、云和小气候的活动。"情景再现"部分讲的是如何建造和使用家用气象站。

阅读与应用宝典

《科学探索小实验系列丛书》是一套能够帮助中小学生去探索周围神奇世界的综合图书,书里面收集了大量的需要亲自动手去做的实践活动和实验。

《科学探索小实验系列丛书》可以作为一套科学的入门宝典。书中包括许多有趣的活动,效果很好。为了使家长和教师能够更加方便地回答学生们提出来的问题，本书在设计上简明易懂。同时，书中的设计也有利于激发学生们提出问题。

《科学探索小实验系列丛书》以时间为基础分为三个主要部分的原因。"极简热身"是一些短小的活动。这些活动很少或不需要任何材料。许多这类活动可以在很短的时间内完成。极简热身通常就某一主题范围介绍一些基本概念。"复杂运动"需要一定计划和一些简单的材料，完成这种活动至少需要半个小时。复杂运动经常深入地解决重要主题范围内的一些概念。某一特定主题范围内的"情景再现"活动是相辅相成的。这些活动突出此主题范围的一个中心或最终完成一项完整的工程，例如：一个气象站。如果愿意的话，你可以独立完成这些活动。"情景再现"活动需要一定计划和一些简单的材料。

《科学探索小实验系列丛书》囊括了科学研究的所有基本方面，被划分成7个主题范围和40个话题。如果要集中研究某个特定的主题，那么仔细查阅一下那个主题范围内的所有活动。如果你只是在查找有关某一主题的资料和事实，可以挨页翻看带阴影的方框中的内容。总之，每页的内容都是在前些页内容的基础上形成的。

除了主题之外，《科学探索小实验系列丛书》又被分为四十个话题。这些话题为各主题内部及各主题之间的活动提供了概括性的纽带。活动的话题被列在这个活动中带阴影的方框的底部。与活动联系最为紧密的话题被列在第一位，间接的话题被列在后面。

《科学探索小实验系列丛书》中的主题部分可以帮助教师，使活动适应课程的需要。但是由于本书主要是以时间为基础进行划分的，所以按主题范围划分的重要性就被降低了。而且，由于现实世界并没有被划分成不同的主题范围，所以学生们的兴趣也不可能完全一下子从一个主题范围内一个活动跳跃到另一个主题的活动上去。因此，各种话题可能要比划分出来的主题范围更为重要。重要的原因还在于它们能够鼓励一种真正地探索科学的精神。有时有的活动可能引发出与此活动相关，但是在此活动主题范围以外的问题，也可以把各个话题作为检索《科学探索小实验系列丛书》的一种途径。有时，通过不同途径重复进行同一种活动，会有助于学生全面了解事物。各类话题使你将各种活动看作一个有机整体。各种活动相辅相成，有助于学生加深理解，增长见识，培养兴趣。同时在总体上会使学生对科学持一种积极的态度。

《科学探索小实验系列丛书》在每个篇目中都安排了一个活动，主要是通过在每个实验步骤中出现的各种问题来激励深层次的思考。书中大多数活动都是开放型的，允许有各种可行的、合理的结论。每个活动的开头都有两行导语，接下来是活动所需的材料清单和对活动步骤的详细描述。有关事实与趣闻的小短文遍布全书，里面的内容包括奇妙的事实和可以尝试的趣事。

《科学探索小实验系列丛书》中的活动范围从实物操作、书面猜谜、建筑工程到游戏、比赛和体育活动不等，其中有些活动需要合作完成。有些活动是竞赛，还有一些活动是向自我提出挑战。

研究科学不需要正规的实验室或昂贵的进口材料。对学生来说，这个世界就是一个实验室。人行道是进行一次小型自然徒步旅行的绝妙地方。他们可以在教室的水槽里做有关水的实验，把窗台变成温室或观测天气和空气污染的地方。他们可以用厨房的一个角落来培植霉菌和酵母。

因此，《科学探索小实验系列丛书》中所用到的材料都不贵，而且都很容易就能找到。其中一些材料需要你光顾一下五金或园艺商店，但大多数材料在家里就可以找得到。

有效使用《科学探索小实验系列丛书》的一种方法是制作一个用来装科研材料的箱子。带着这个工具箱和这本书，你就可以随时随地地进行科研活动了。工具箱内应装有在《科学探索小实验系列丛书》中需要的简单材料，如塑料袋或容器、放大镜、纸、铅笔、蜡笔、剪刀、吸管、镜子、绳子、雪糕棍、松紧带、球、硬币、水杯，等等。

《科学探索小实验系列丛书》被设计成一本有趣易懂的书——它从书架上跳下来，喊道："用我吧！"

寄语教师与家长
——提高科学研究的质量需要寓教于乐

教师和家长们一方面一直在寻找激起孩子好奇心的方法，另一方面又在为满足孩子的好奇心而努力地指导他们。"好奇心"不只是想去感知的冲动，而是要去真正理解的强烈愿望。科学研究的目的就是要了解这个世界和我们自己。科学研究中的好奇心是指能够转变成追求真知的好奇心。

罗伯特·弗罗斯特（Robert·Frost）说过，"一首诗应该始于欢乐，终于智慧"。这句话对包括严谨的科学在内的其他创造性思维同样适用。"始于欢乐"，有趣的科学活动充满了吸引力，让人流连忘返。"终于得到智慧"，科学活动也会起到教育的作用。

中小学生是为了成为21世纪高效、多产的合格公民，需要在发展的生活中获得必需的科学认知能力。无论是男女老少，住在城市还是乡村，从事脑力劳动还是体力劳动，科学研究对每个人来说都很重要。正是因为有了科学，我们才发展到今天。科学研究创造了我们享受的舒适，也提出了我们必须解决的问题。明智地使用科研成果能够把世界变得更加美好，而胡乱地利用它们将会导致全球性的灾难。

学习科学要进行智力训练。与其他许多事物一样，人们在幼年时期就必须接受智力训练。如果学生没有学会科学的、系统的思考方法，那么他们长大后就会盲目地接受别人的观点，把科学和迷信混为一谈，轻信武断的决定而不是相信成熟的见解。

与语言、艺术、数学和社会学相比，人们对科学研究的重视程度较低。在许多小学，与科学研究相关的学习时间每周只有几个小时，学生对科研的兴趣降低了，人们对与科研相关学科课程发展的支持也明显减少了。今天，调查感叹科学教育的不足，社会发展对熟练科技人才的需求，计算机的日益普及和严重的全球性的环境问题，使人们看到了社会重新对科学研究产生兴趣的希望。

在某种程度上说，提高"科学认知能力"意味着鼓励更多的中小学生认知科研事业的重要性。现在，科研及其应用比以往任何时候发展得都要快。我们需要更多的科学家、技术人员和工程师在未来的复杂世界中发挥作用。

更为重要的是，对科学的认知能力要求我们认识到科学研究并不只是由专家们来为我们做的，而是要求我们去亲自实践。科学读物中的理论知识与真正理解之间是脱节的。没有人们的理解和热心钻研，这些知识只是潜在的，而不是真正被掌握的人类知识。为了能够跟上社会发展的步伐，每个人都应该具备相应的科学知识。科学的认知能力也包括能够运用基本的科学技巧做出明智的决定。在科技发达的社会里，科学的决策推动着生活的进步。我们应建更多的原子能工厂吗？哪些疾病的研究应获得科研基金？应该控制世界人口吗？怎样看待试管婴儿和代理妈妈？

对科学的认知可以从一本介绍科研活动的书开始。科学活动能够使学生获得一种可以控制不断变化的，充满问题的世界的感觉。首先，这些活动为学生提供了一个学做具体事情，从而改善世界的机会。例如：有关环境的活动使学生们知道他们可以马上采取哪些行动来保护环境。其次，科学活动能够让学生亲自体验哪些办法行得通，哪些行不通。例如：学生可以直接比较水和醋在植物生长过程中起到的作用。第三，科学研究可以帮助人们理解事物，消除恐惧和疑惑。例如：飞机上升时耳朵有发胀的感觉会使你感到惊慌。当你明白了为什么会出现这种情况并知道如何缓解压力的时候，就会好多了。第四，科研活动能够让你更加深刻地认识到这个世界确实十分奇妙。例如：为什么割了手指会感到疼痛，而割到指甲时不会感到疼？最后，科学活动通过鼓励积极参与和培养个人责任感来平衡学生在依赖电视这一年龄阶段所形成的被动观察。

科学研究是对世间奇迹的探索，这一点学生们认识得最深刻。每位中小学生都可以被看作是未来的科学家。学生们想弄懂所有的事情。一旦他们找到了一位知晓一切的人——通常是父母或老师——他们便源源不断地提出问题。想要了解事物如何发展变化以及这个世界的存在方式是一件正常的事情。在最基本的层次上，科学讲的就是这个。科学家只不过是一些专业人员。他们所从事的研究，学生们都能够自然地做出来。科学家的内心活动实际上与学生们的一样。学生实际上就是小科学家。

　　研究表明，家长和小学教师（与高中教师相反）在使学生对科学研究产生兴趣这一点上，由于他们自身的疑问和好奇心以及他们敢于承认自己专业知识的缺乏，使他们在指导学生进行科学实践的过程中占据了优势。这也与他们鼓励学生与他人分享想法和经验有关。

　　科学不能光靠空谈，还必须亲自动手去做。学生在主动的，需要动手的环境中更能兴趣盎然地进行学习。研究表明，动手实践能使学生的能力在科学研究和创造性活动中得到大幅度的提高；实践活动也提高了学生在感知、逻辑、语言学习、科学内容和数学等方面的能力，同时也改变了他们对科学研究和科学课的态度。更为有趣的是，人们发现那些在学习上、经济上或两个方面都略显逊色的学生们在以实践活动为基础的科研中获得了很大收益。

　　有时，让学生直接与被研究对象接触是非常方便的。例如：他们能直接利用光来制造阴影。而另外一些研究对象（如恐龙和其他行星）无法使学生获得直接经验。此时我的脑子中就闪出了这样的想法：得让学生们积极地参与进来。于是，故事和戏剧等形式被融入活动之中，来代替直接经验。

　　进行科研活动常用的一种好办法就是分三步走的"循环学习法"。对科研实践来说，循环学习法是一种简单有效的方法。它始于20世纪60年代，是由美国国家科学基金会赞助发起的。它是科学课程完善性研究的一部分。作为一种使学生们直接主动地进行科研实践的教学策略，它已初显成效。

　　在循环学习法中，学生在接触新的术语或概念之前，要先完成一个活动。其目的是让学生通过他们的个人亲身经历，逐步形成并不断加深对这些知识的认识。学生可以在一种结构严谨，并且灵活多变的方式中开始探索，进行活动。接下来是对活动进行讨论。最后一步是重复这个活动或活动中的某些形式，以使学生们能够把新学的概念运用到实际当中。

　　循环学习法的第一步，初步接触活动，是让学生们去发现新的观点和材料。当学生们初次进行某项活动时，他们便获得了建立在实践基础上的科学概念。游戏是获得信息的基础，而且概念的培养也离不开直接的动手实践。学生们有能力去观察，收集材料、推理、解释和进行实验。在必要的时候，教师或父母可以充当监督或咨询的角色，通过提出问题来帮助学生们完成活动，千万不要告诉学生们去做什么或给出答案，不要使孩子们产生一定要做对的压力，而是要使他们专心于做的过程。

　　举一个利用循环学习法来使用《科学探索小实验系列丛书》的例子。假设你对植物这个主题感兴趣，你可能在"情景再现"这一部分找到相关活动。这一循环的第一步包括一个有关种子的活动。首先展出不同的种子并让学生们用放大镜去观察和比较。在第二步，你与学生们讨论他们的观察结果，并列出他们所观察到的种子的物理特征。然后可以让他们读本有关种子的书。在最后一步，让学生们继续深入研究种子。如把不同的水果切开，比较它们的种子，或者甚至可以把利马豆浸泡一夜后进行解剖。

　　接下来便到了讨论阶段。通过讨论，可以帮助学生发现实践活动的意义所在。而且，学生在进行观察并形成了某种看法之后，也急于与别人交流，把他们的发现公之于众。

　　可以在讨论过程中使用《科学探索小实验系列丛书》中的背景知识介绍基本概念和词汇。书中的信息如果能和其他资料，如教科书、词典、百科全书、视听辅助手段等相结合，还可以不断地拓展、丰富。书中有些背景注释为了适合青少年学习，可以稍作改动。不过，如果使用的语言过于简单，它就不具有挑战性的研究价值了，学生们也就不可能重视隐含在字面之后的概念。

讨论应在自由开放的氛围中进行。交际能力使讨论充满活力和具有成效是非常重要的。

发展主动的听力技巧。重述学生们的话，向他们表明你一直在听，而且明白他们的意思。

提出非限定性的问题。如"你是怎么看的？""发生了什么……？""如果……会怎样？""怎样才能发现……？""怎么能确定……？""有多少种方法能够……？"

当学生们提出问题时，让他们再仔细考虑一下这些问题。要求他们提供更多的信息和实例，鼓励他们去描述，让他们作出尽可能多的答案，而不是只停留在某个唯一"正确"的答案上。

让学生们评估他们的发言。各组可以列出他们的优点和缺点。

当然，所有这些必须由教师或家长组织练习并且使之与参加活动的学生们的层次相适应。一旦你与学生们就某项活动的讨论获得成功，学生们就可以重复这项活动，这样做给学生们提供了应用理论的机会。每进行一项活动，他们都会在更深的层次进行研究，获得新的发现，使理论得到强化。循环学习法的最后阶段可以作为一项新的活动的起点。学生们可以通过进行新的活动来扩充现有理论。

出版《科学探索小实验系列丛书》的目的就是为了鼓励这些学生。更重要的一点是，要让家长、教师和学生把握什么才是真正的科学。仅仅为了完成教学任务，而"填鸭式"地将知识灌输给学生，从长远意义上来说，是对学生是有害的。学生科学认识能力的提高，并不在于学了多少，而是要看学习的方法。《科学探索小实验系列丛书》鼓励培养学生对科学的洞察力，对概念的理解能力和高度的思维技巧。

十个基本步骤掌握科学方法

要用科学的方法组织科研活动。使用科学的方法就像侦探调查神秘的案子一样。科学的方法实际上是组织调查研究的计划。它实际上不是一整套需要遵循的程序，而是一种提问和寻求答案的方法。

1. 确定问题。决定你究竟想了解什么。尽管开始时可以产生几个相关的问题，但最终要把它们归纳成一个可以进行初步探究的具体问题。你无法用真正的火箭去做实验，但是却可以用气球来研究火箭的工作原理。

2. 收集与问题相关的信息资料。这部分属于研究的范畴。研究可以激发直觉的产生，而直觉又在科学研究中起到了关键的作用。直觉是在大脑下意识地作用于积累的经验时产生的，它随时随地都会出现。尽管大多数情况下直觉是错误的，但它也有正确的可能。因此我们必须通过实验来验明真伪。

3. 接下来对问题的答案进行猜测。这一步被称为"假设"。

4. 找出变量，即那些可以改变和控制的东西。这通常是科学方法中最难的部分。它要求对假设进行仔细的分析。在不同的试验中，至少有一个变量需要改变。同时，无论你在改变的变量重要与否，总有一些变量得保持不变。例如：你正在研究用盐水浇灌植物的效果。你手中有两株植物，你用完全相同的办法培育它们：同样的种子、土壤、日照和温度等，这些是控制不变的变量。这两株植物唯一的区别是其中一株是用自来水浇灌的，而另一株则是用盐水浇灌的，这些就是被控制变化的变量。

5. 决定回答问题的方法。详细写出你要做的每一步，不要假设或省略那些似乎"明显"的步骤。

6. 准备好所需的材料和设备。

7. 进行实验，记录数据。一定要准确测量和记录数据。通过重复实验来检查数据的准确性是很有用的。

8. 对比实验结果和假设。看二者是否吻合，假设没有正误之分，只有是否被支持的区别，无论怎样，你都会有所收获。

9. 作出结论。结论通常要回答更多的问题，如活动结果如何？说明了什么？活动是否有价值？怎样产生价值的？你学到了什么？你需要进一步研究什么？

10. 向别人公布你的发现。科学家们互相探讨他们的发现，使理论日趋完善。以交换智慧为目的，科学家们已经建立了全球范围的网络，来促进彼此间的交流。这给人们留下了深刻的印象。牛顿曾说过如果他看得更远一些，那是因为他站在了巨人的肩膀上。我们许多人熟知这个典故，但是却忘了问怎样才能找到巨人的肩膀并被它的主人所接纳。虽然我们对此不以为然，但是这种行为确实是十分特别和重要的。

当你使用科学的方法时，切记它不过是一个总体的计划，而不是什么定规。科学家真正进行科研的过程与我们所描述的科学工作往往有许多出入。我们在描述中往往略去了研究工作中的遇到的许多挫折和错误。而正是被经常忽略的部分才是真正的充满挑战和挫折，令人兴奋的探索科学之路。

不对科学说"NO"

——写给致力于科学研究的女学生们

许多学生和成年人仍然认为科学研究不适合女性做。社会中某些微小的信息可以产生巨大的影响。在北美，女性占从事科研和工程劳动力的10%还不到。在社会对妇女就业采取明显限制的沙特阿拉伯，只有5%的女性从事与科研相关的职业。而在社会观念完全不同的波兰，则有60%的妇女从事科研活动。

如果我们要加强对青年女性的科学教育，那么必须及早入手——按照《科学探索小实验系列丛书》中所定的年龄阶段开始。研究结果表明，男女学生在对科学研究的成就、态度和兴趣等方面的差异在中学时期就已经明朗化。过了四年级以后，女学生就很少会像男孩一样对科学感兴趣，选修自然科学课并在科研活动中获得成功。

可以用实例来驳斥科学领域中男尊女卑的偏见。作为女孩的榜样，从化学家、物理学家居里夫人（Marie Curie）到宇航员罗伯特·邦达（Roberta Bondar），都应该作为科学活动的背景知识介绍给学生们。女科研教师或对科学感兴趣的母亲，都能成为有说服力的榜样。

有时，女孩似乎无意之中就陷入了科学研究中的"女性"领域，如对植物和环境的研究。要鼓励女孩去从事包含电学和磁力学在内的"男性"活动。应该给女孩们更多的时间和关注，让她们逐步熟悉传统上的"男性"器材（如电池、电路或罗盘）。不要强制她们去学习物理等学科，但是要给她们提供一个探索这些学科的机会，以便使她们能够做出明智的选择。

"男性"科学和"女性"科学教学技巧的侧重点不同。研究表明，在物理和化学教学中，解决问题方法很受欢迎，而在生物学中，理论教学和有指导的实验方法更受青睐。女孩通常对更为随便的处理型方法感到畏惧，因此放弃了解决问题的方法。

许多教育家认为，能够用大脑操纵空间的一个物体，使其旋转，以及建造三维立体模型的能力都是科学研究中必不可少的技能。研究人员对男孩与女孩在空间能力差异的程度和性质方面存在着分歧。大多数研究表明，空间能力的差异要到十四五岁时才出现。产生差异的原因主要是来自社会和教育方面的因素，而不是由先天的基因决定的。要鼓励女孩多做一些能够培养空间能力的活动（如用纸做三维几何模型）。

《科学探索小实验系列丛书》中的活动是为所有学生设计的——无论是男孩还是女孩。作为一条总的原则，当指导学生们进行《科学探索小实验系列丛书》中的活动时，要有意识地培养女孩去积极参与。研究显示女孩乐于扮演观察员或记录员的被动角色，而男孩则愿意扮演领导者。在教室中解决此问题的办法之一是把学生们按性别分组，进行科研实验。伟大的科研项目将从这里开始。《科学探索小实验系列丛书》会帮助你拓宽思路，并据此深入钻研。

《科学探索小实验系列丛书》中有许多值得思考的问题，这些问题为从事科研项目打下了基础。太多的学生以及他们的家长和教师认为科研项目就是要制造一些东西，如收音机或火山。但实际上科研项目是关于对科学的研究，即从问题入手，并用科学的方法去解决这些问题。

目　录

极简热身

复杂运动

情景再现

极简热身

热身进行时

在地表大约6米以下的地方，季节与地表上的季节正好相反，如北半球地下部分6月间最冷而一月最暖。这是因为地下的石头温度变化很慢。冬季的冷空气直到初夏才能使石头变冷，而热天气对石头的影响直到气候变冷时才显露出来。

有些沙子，尤其是黑沙，是有磁性的。拿一块磁铁贴近沙滩上的沙砾，然后看一下能吸上多少有磁性的沙粒。这些沙粒可能是来自太空的"微小陨石块"（微小的、真空的颗粒物），已有亿万这样的微小陨石掉到地上，其中大多数是由铁或镍颗粒构成的。

地壳（地壳层）的90%是石英和长石。

当你环顾四周时，见的最多的便是土壤，这使我们很容易忘记地球是由相对坚硬的石头构成，而土壤只是这张"岩床"的一条薄毯。露出地面的岩层被称为露头。

有史以来，人们用石头做工具、武器及遮蔽物或墓碑的原料。石头最初是在100万年前被用来做工具的，石器时代分为两个时期：旧石器时代和新石器时代。在旧石器时代人们用石头砸石头制造出粗糙的拳头大小的工具，还制造出简单的矛、铲子、凿子和用于切割的工具。随着新石器时代的到来，出现了磨制工具，磨制是通过敲击实现的，可以用一个物体敲击另一个物体或用沙子磨制。

大家知道我们可以用石头做压纸器，那么充分发挥你的想象力，创造出更多的石头发明。组建个"石头乐队"如何？你需要一块大石头（主唱）和许多小石子（伴唱）。然后给他们着色，再粘上小眼睛和头发，把小石粘到大石头旁边，再给你的乐队取个名字。要想做更实用的艺术品，你可以用一块或几块石头做成瓢虫、猫头鹰、蜻蜓或其他动物，然后把小磁石粘到背面，用这些装饰一新的磁石把留言条粘到冰箱上。

大写C之谜

是什么使石头成为石头？是什么使一块石头有别于另一块？这个富有挑战性的分类游戏揭示在细节上的小小差异，带来整体上的巨大区别。

材料：

一些石块（大小、形状、类型不同）；几种石块大小的东西，其中有些与石头相似（如：陶器碎片、一些小块水泥、小砖头块、海绵碎片、纸屑、种子）；盛水的容器；书包。

步骤：

1.把这些东西堆放在一起，这堆东西大多是石块，但是其中有些也不是石块。"石头"是什么？在这堆东西里哪些是石头？它们为什么是石头？石头与种子、回形针、碎砖头有何区别？

2.从石堆中选出一块石头。了解手中的石块，石块的手感如何？它有多少个面？是什么颜色的？上面有斑点吗？闻起来是什么味的？石块湿后有何变化？是重了还是轻了？它会浮在水中吗？

3.大家都把石块装进包里，把所有石块混合起来，然后大家分别找出自己的石块。找出特定的石块是很容易的事吗？找石块时用了哪些线索？石头之间有何区别？哪些区别更为重要？

4.根据一定特点把石头分成不同的组。例如根据大小，给石头分类。然后根据颜色把这些大小相近的石头再次分类。试着先按颜色，再按体积大小把这些石块再进行分类。这次分出的与上次所分的有区别吗？用其他方法进行分类（如按形状的光滑程度）。

话题：分类　感官

对物品分类就是把它们分组，安排到一起。分类中涉及比较、描述和扩展了集，它能帮助人们理清思路，使人们更好地理解周围的世界。如果书籍不是分门别类地摆放在书架上而是乱扔乱放，你能想象出图书馆会是什么样子吗？对像石头类的物品进行分类，可以为像植物、动物等通常较为复杂的生物分类奠定基础。通过把近似的东西进行分类，然后进行比较，找出差别，我们能加深对物体之间、生物之间、生物与非生物之间关系的理解。

空间里的空隙

一条碎石路看起来像一层坚硬的岩石，但石块并不能完全咬合，通常他们中间有很大空隙。估计一下石块间的空隙。

材料：

洁净的玻璃杯或玻璃缸；茶杯；水；石块；沙子；纸；铅笔；大小——任选、形状不同的石块；胶带。

步骤：

1.把干净的空罐装满水，每次倒入一杯，罐中盛了多少杯水？记下这个数字。

2.把洁净、干燥的卵石装到罐子里，一直装到齐罐沿的地方。罐子满了吗？估计一下小卵石间总的空隙有多大，空隙是否占半个罐子大，还是占1／3或1／10？

3.检验一下你的猜测：把水倒入罐子，每次一杯，水会填满卵石间的空隙。需要几杯水填满罐子（摇出水中的气泡）？把这个数字与装空罐时的数字比较一下，卵石间的空隙可用分数来表示，如3/10，即能装10杯水的罐子在装满卵石后，仍有3杯水的空隙。你的估计接近实际情况吗？

4.现在把罐子里装满沙子，罐子是满的吗？罐中还可装入多少杯水？是石块还是沙粒留下的空隙更大？

5.变化：用大小不同、有突出棱角或较圆滑的石块来做实验，哪种形状或大小的石块留下的空隙最大？

6.变化：测量罐子中空隙的另一种方法，是紧紧按住罐子中的卵石，把罐子倒过来，垂直地放入水中。把石子缓缓倒入水中，这样石子间的空气会全部留在水中，在准确的水位上，用一条胶带标出空气的体积（在贴胶带时，要按住罐子，这样罐子内、外的水位会持平）。然后把罐子拿出来，把水填至做的标记处，倒入的水的体积与倒出石头后罐中的空气体积相等。这样我们就知道石子间的空隙有多大了。

话题：测量　土壤　空气

如果你仔细观察碎石子或沙子，你会发现每块石子或每颗沙粒间的空隙，有时沙子和石子看起来是无空隙的，矿物质凝合在一起，形成单独的小块；沙子硬化成"砂岩"，而碎石会形成"砾岩"，但就连砂岩和砾岩内部也有空隙。这些空隙起着十分重要的作用。雨水和雪水可以渗入这些空隙。在地表深层，这些空隙里储存了大量的水，无数的井从这些蓄水的沙子或砾石中获得水源。有些地方，砂石空隙里还储藏着天然气和石油。

教你一招

空间，英文名 space，与时间相对的一种物质存在形式，表现为长度、宽度、高度，也指数字空间、物理空间与宇宙空间。物质存在的一种客观形式，由长度、宽度、高度表现出来。与"时间"相对。通常指四方上下。空间有宇宙空间、网络空间、思想空间、数学上的空间等等，都属空间的范畴。地理学与天文学中指地球表面的一部分，有绝对空间与相对空间之分。《现代汉语词典》的解释为："空间是物质存在的一种客观形式，由长度、宽度、高度表现出来。"

经典物理学的解释为：宇宙中物质实体之外的部分称为空间。

相对物理学的解释为：宇宙物质实体运动所发生的部分称为空间。

航天术语的解释为：外层空间简称空间、外空或太空。

数学术语的解释为：空间是指一种具有特殊性质及一些额外结构的集合。

互联网的解释为：指盛放文件或者日志的地方。

绝对空间——其自身特性与一切外在事物无关，处处均匀，永不移动。相对空间是一些可以在绝对空间中运动的结构，或是对绝对空间的量度，我们通过它与物体的相对位置感知它，它一般被当作不可移动空间，如地表以下、大气中或天空中的空间，都是以其与地球的相互关系确定的。绝对空间与相对空间在形状大小上相同，但在数值上并不总是相同。

数学上的空间——是指一种具有特殊性质及一些额外结构的集

合，但不存在单称为"空间"的数学对象。在初等数学或中学数学中，空间通常指三维空间。

宇宙空间——亦称外太空、外层空间，简称空间、外空或太空，指的是相对于地球大气层之外的虚空区域，外太空通常用来和领空（领土）划分区别。

太空和地球大气层并没有明确的边界，因为大气随着海拔增加而逐渐变薄。假设大气层温度固定，大气压会由海平面的1000毫巴，随着高度增加而呈指数化减少至零为止。

网络空间（cyber space）——这是三个概念中最常用的一个，指全球范围的因特网系统、通讯基础设施、在线会议体系、数据库等一般称作网络的信息系统。该术语最多的是指因特网，但也可用来指具体的有范围的电子信息环境，如一个公司、某武装部队、某政府和其他机构组织等的信息系统。

网络空间比信息空间或思想空间更受限制些，表现在其主要表示网络（这一似虚而实的事物）。但有些定义也跨出了因特网的范畴，如那些与网络空间有关的，影响重要基础设施的公共电话网、电力网、石油天然气管道、远程通信系统、金融票据交换、航空控制系统、铁路编组系统、公交调度系统、广播电视系统、军事和其他政府安全系统等。

心理学上的空间——空间有"情的空间"和"知的空间"之分。肩并肩的、坐在身边的横向空间就是"情的空间"；而面对面而坐的纵向空间就是"知的空间"。前者使人感到有合作、进行情感交流的需要，后者使人觉得有竞争、压迫之感觉，没有可容情意进入的余地。

　　自由空间——生物学上指由细胞间隙、细胞壁微孔和细胞壁与原生质膜之间的空隙组成，它允许外部溶液通过扩散可自由进入，亦指植物组织内的某个空间，其外液中的物质通过代谢产生的能量无消耗地进入这个空间，称此空间为自由空间。

大得惊人的磁石

地球就像一块硕大的磁石，用一个地球模型和一个指南针来探索这个最大的磁体的秘密。

材料： 葡萄或大橘子；长条磁石；牙签；指南针。

步骤：

1.把长条磁石穿过一粒葡萄或一个橘子。磁石两端应露在外面。水果代表地球，磁石代表南北磁极。牙签代表地理上的南、北极。

2.让指南针靠近"地球"，指南针就会指向南北极。

3.当你带着指南针出门，它就会指向真正的南北极。

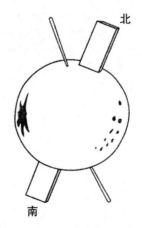

话题：磁　地球　制图　恒星

　　北极光和南极光由高悬在天空的彩带构成。科学家们认为极光是由太阳粒子照射大气层形成的。地球磁极把太阳粒子吸引到南、北极。低能太阳粒子到达大约距地表240公里的高空时与氧原子碰撞产生红光。高能太阳粒子能到达80公里的低空，它们与氧原子产生更强烈的碰撞，并放射出淡绿色的光芒。从地球上看，极光像水晕状弧光或成片的光，人造地球卫星拍摄的照片显示每颗行星的磁极都环绕着一个光环。

　　地球像磁石一样有南北极之分。地球磁场作用于所有的指南针，使它们按磁场方向，大体指向南北。地球磁力是怎样产生的呢？当今的理论认为地球是一个巨大的铁镍球。地球外部像个大布丁，这种浓厚的液体绕着核心流动产生了电流，电流又产生了磁场。

　　大家不要把南、北磁极与地理上的南、北极混淆，地理意义上的南、北极是在地球转轴上的。地理上的南、北极与磁极在南极相差1 600公里，在北极相差2 400公里，当指南针指向北时，它不是指向地理上的北方，即北极星的方向。我们必须为航海者们绘制航海图，告诉他们地理上的北极与磁场中的北极（指南针所指方向）的角度变化，航海图要定期修改，因为磁极总是在缓慢不停地变化着。

天体之象

"宇宙"（Universe）一词源于希腊语"universum"，意思是"一切事物"或"万物之集合"。宇宙包含着整个空间和存在于空间内的一切事物——所有的恒星、行星、卫星、星群、星云、彗星，以及其他客观存在着的星际物质和能量。宇宙是如此的浩渺，以至于我们根本无法想象它究竟是什么样了。

大多数科学家认为宇宙大约形成于150亿年前。根据"大爆炸"原理，宇宙中的一切物质和能量原本都集中在一个很小的容器中。自从它爆炸后，物质和能量就开始扩散。对该理论最强有力的证明就是微弱的辐射——即爆炸的"后遗症"，这可由来自宇宙各处的无线电波测得。

宇宙中的星体，要比全世界海滩上的沙粒还多。

1961年4月12日，尤里加加林乘坐的"Vostok"一号火箭，成为第一个进入太空的地球人。随后，美国人阿朗·夏泼德于1961年5月5日，乘坐"自由七号"宇宙飞船进行了又一次太空之旅。

在外层空间，"人类最好的朋友"要算是山羊了。山羊最宝贵之处就在于它那个多功能的胃——一个寄居着能够分解任何废物的微生物腔体。研究表明，宇航员可以喂山羊各种垃圾（植物的木质部分和其他人类无法食用的东西）。这意味着宇宙飞船上可以拥有一个小得多的废物处理器，而且山羊还可以为宇航员提供充足的食物和羊奶。

在航天飞机发明之前，宇宙飞船只能用一次。由于航天飞机可以多次重复使用，因此宇宙飞行的费用减少了90%。美国航空航天局把航天飞机描述成是第一架能够"像火箭一样发射，像卡车一样拉动，像飞机一样着陆"的飞行器。第一架航天飞机"奋进号"（根据电视连续剧"星球之旅"中的宇宙飞船命名的）于1981年4月实现了首次航行。

教你一招

航天飞机

航天飞机（Space Shuttle，又称为太空梭或太空穿梭机）是可重复使用的、往返于太空和地面之间的航天器，结合了飞机与航天器的性质。它既能代表运载火箭把人造卫星等航天器送入太空，也能像载人飞船那样在轨道上运行，还能像飞机那样在大气层中滑翔着陆。航天飞机为人类自由进出太空提供了很好的工具，它大大降低航天活动的费用，是航天史上的一个重要里程碑。

1969年4月，美国宇航局提出建造一种可重复使用的航天运载工具的计划。1972年1月，美国正式把研制航天飞机空间运输系统列入计划，确定了航天飞机的设计方案，即由可回收重复使用的固体火箭助推器，不回收的两个外挂燃料贮箱和可多次使用的轨道器三个部分组成。经过5年时间，1977年2月研制出一架创业号航天飞机轨道器，由波音747飞机驮着进行了机载试验。1977年6月18日，首次载人用飞机被上天空试飞，参加试飞的是宇航员海斯（C·F·Haise）和富勒顿（G·Fullerton）两人。8月12日，载人飞机的飞行试验圆满完成。又经过4年，第一架载人航天飞机终于出现在太空舞台，这是航天技术发展史上的又一个里程碑。

宇宙飞船

宇宙飞船（space ship），是一种运送航天员、货物到达太空并安全返回的一次性使用的航天器。它能基本保证航天员在太空短期生活并进行一定的工作。它的运行时间一般是几天到半个月，一般乘2—3名航天员。

世界上第一艘载人飞船是苏联的"东方1号"宇宙飞船，于1961年4月12日发射。它由两个舱组成，上面的是密封载人舱，又称航天员座舱。这是一个直径为2.3米的球体。舱内设有能保障航天员生活的供水、供气的生命保障系统，以及控制飞船姿态的姿态控制系统、测量飞船飞行轨道的信标系统、着陆用的降落伞回收系统和应急救生用的弹射座椅系统。另一个舱是设备舱，它长3.1米，直径为2.58米。设备舱内有使载人舱脱离飞行轨道而返回地面的制动火箭系统，供应电能的电池、储气的气瓶、喷嘴等系统。"东方"1号宇宙飞船总质量约为4 700千克。它和运载火箭都是一次性的，只能执行一次任务。

至今，人类已先后研究制出三种构型的宇宙飞船，即单舱型、双舱型和三舱型。其中单舱式最为简单，只有宇航员的座舱，美国第1个宇航员格伦就是乘单舱型的"水星号"飞船上天的；双舱型飞船是由座舱和提供动力、电源、氧气和水的服务舱组成，它改善了宇航员的工作和生活环境。最复杂的就是三舱型飞船，它是在双舱型飞船基础上或增加1个轨道舱（卫星或飞船），用于增加活动空间、进行科学实验等，或增加1个登月舱（登月式飞船），用于在月面着陆或离开月面，苏联/俄罗斯的联盟系列和美国"阿波罗号"飞船是典型的三舱型。

错综复杂的字母

你知道多少和天文有关的词？从下面64个字母中，我们可以得出这样的答案：几个和天文学有关的词。

材料：纸；笔。

步骤：

1.这里有64个字母：M，A，N，N，T，S，Y，O，O，L，M，E，A，D，L，G，Y，T，S，U，P，L，R，A，N，R，T，S，M，A，N，M，E，O，R，O，O，E，X，A，A，C，O，N，E，T，N，O，O，C，S，T，L，A，T，E，R，T，I，O，I，S，E，T。

2.你所面临的挑战就是把这些字母组合成10个与天文学有关的单词（提示：在这些说明要求的文字中你就可以找到第一个！）。你可以把这些字母都抄到一张纸上，然后用笔把拼出的词记下来；还可以采取另一种更简便的方法：在每一张纸片上写一个字母，然后把纸片排在一起组成单词。

3.有些单词很简单，有些则有一定难度。除了前面提到的第一个单词，其他的都是太空中的自然物体（天体）。必须把所有的字母都

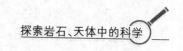

用上。

4. 10个单词你都找全了吗？知道每个单词的意思吗？仔细阅读下一页，以便对每种天体有更多的了解。

话题：解决问题　恒星　行星

我们所处的时代，既有航天飞机，又有视觉效果的科幻影片，和天文有关的字眼随处可见。人们常常惊讶于自己对"太空词汇"了解得如此之多，而这些词汇所包含的意义就更让他们惊奇了！

科幻小说在科学上不一定是正确的，但对思维非常具有启发性。科幻小说的创作过程也就是把原有的事实通过新的方式重新组合的过程。试一下！把两个不同的概念组合形成一个新的概念，使之对原有概念在一定程度上起着连接作用。动脑筋，为某个物体或某个想法找出替身，然后用事物的本体和替身来做下面的实验。如果二者同时存在，它们会如何互相影响呢？编出某种根本不可能的事，然后想方设法使它成为"可能"。最后，还可以把事物变成与之完全相反的样子。例如，大家都知道，大象比老鼠大，那么，如果老鼠比大象大，会发生什么事呢？

教你一招

恒　星

恒星是由炽热气体组成的，是能自己发光的球状或类球状天体。由于恒星离我们太远，不借助于特殊工具和方法，很难发现它们在天上的位置变化，因此古代人把它们认为是固定不动的星体。我们所处的太阳系的主星太阳就是一颗恒星。恒星都是气体星球。晴朗无月的夜晚，且无光污染的地区，一般人用肉眼大约可以看到6000多颗恒星。借助于望远镜，则可以看到几十万乃至几百万颗以上。估计银河系中的恒星大约有1500—2000亿颗。

恒星的两个重要的特征就是温度和绝对星等。大约100年前，丹麦的艾依纳尔·赫茨普龙（Einar Hertzsprung）和美国的享利·诺里斯·罗素（Henry Norris Russell）各自绘制了查找温度和亮度之间是否有关系的图，这张关系图被称为赫罗图，或者H—R图。在H—R图中，大部分恒星构成了一个在天文学上称作主星序的对角线区域。在主星序中，恒星的绝对星等增加时，其表面温度也随之增加。90%以上的恒星都属于主星序，太阳也是这些主星序中的一颗。巨星和超巨星处在H—R图的右侧较高较远的位置上。白矮星的表面温度虽然高，但亮度不大，所以他们只处在该图的中下方。

恒星演化是一个恒星在其生命期内（发光与发热的期间）的连续变化。生命期则依照星体大小而有所不同。单一恒星的演化并没有办法完整观察，因为这些过程可能过于缓慢以至于难以察觉。因此天文学家利用观察许多处于不同生命阶段的恒星，并以计算机模型模拟恒

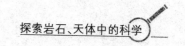

星的演变。

　　恒星是大质量、明亮的等离子体球。太阳是离地球最近的恒星，也是地球能量的来源。白天由于有太阳照耀，无法看到其他的恒星。只有在夜晚的时间，才能在天空中看见其他的恒星。恒星一生的大部分时间，都因为核心的核聚变而发光。核聚变所释放出的能量，从内部传输到表面，然后辐射至外太空。几乎所有比氢和氦更重的元素都是在恒星的核聚变过程中产生的。恒星天文学是研究恒星的科学。

探秘天体

天文学：是指对天体的科学研究，从手持双筒望远镜观察星空的业余爱好者，到受过严格训练的、分析遥远星体发出的无线电波的科学家，有各种各样的人从事这项研究。Astronomy（天文学）一词来源于希腊语，意思是"星体的分布"。下面列出几种不同的星体。

恒　星：由气体构成的巨大的、发光发热的球体，它们靠自身发光，而不是像行星一样反射别的星体的光，或像流星一样由于摩擦生热而发光。从地球上望去，恒星就像一个个亮点，对正常的恒星，可以从颜色和亮度上判断其大小和温度。

·红色的恒星是最冷的一种（大约2600—3000摄氏度），红颜色是由巨大球体近表处温度相对较低，或由即将死亡的星球的冷却的球表造成的。

·黄色恒星要比红色恒星温度高（大约5000—1100摄氏度）。

·蓝色恒星温度非常高，非常亮（大约19000—30000摄氏度），通常都是新生星体。

所有恒星都诞生于由气体和尘埃组成的巨大云团中，这些气体和尘埃在旋转运动中，逐渐形成一个高温、高密度的整体，最后，在这个整体发生了核反应，于是它开始发光，这些恒星最终会由于燃料用尽而开始变得不稳定。有些缩变成白矮星（体积很小但密度很大的星体），而其他的恒星则通过超新星的方式爆炸变成了黑洞。从来没人看见过黑洞，之所以如此是因为无论任何事物在黑洞面前，都在劫难逃，即使是光，任何东西都会被黑洞吸进去消失得无影无踪。恒星从产生到灭亡的过程中有几个特殊的阶段：

·白矮星是即将灭亡的恒星，它们已蜕变到行星大小。由于它们体积小，且存在年限久远，因此燃烧的亮度非常强。

·巨星要比太阳大许多倍，且燃烧产生的亮度至少相当于一百个太阳产生的效果。

·超级巨星的直径达数十亿公里，燃烧产生的亮度比太阳高出数千倍。

·脉冲星会出现周期性的扩大和缩小。

·新星的表层会发生爆炸，但星体会继续存在下去并将继续伴随着反复的爆炸。

·超新星实际上是一次巨型爆炸，也是其作为恒星的最后一次爆炸，超新星在24小时内释放出的能量相当于太阳在十亿年内释放的，而其光芒也盖过了其他亿万个恒星。

太　阳：我们的故乡星，作为恒星，它是一颗很普通的、处于中年时期的中等大小的黄色星体。

行　星：是围绕恒星旋转的天体。

月　亮：围绕地球旋转的体积较小的天体。

星　座：在天空中形成了一定图案的一组明亮的恒星，人们通常根据神话中的人物或事件为各种星座命名。

星　系：是天空中相对独立的一群恒星和行星。我们所处的星系是银河系（它是由于看上去像横贯天空中的一条银色河流而得名）。

银河系中存在着上万亿个恒星。

流 星：在英语中，流星有两个名字 meteor 或 shootingstar。当漂荡在太空中的颗粒撞到地球的大气层后，便产生了流星，该颗粒与大气之间的摩擦，使大气发光发热，我们看到的便是一道划出天空的光线。该颗粒在撞到地球大气层之前，被称为"流星体"；等它落到地面后，就称为"陨石"。

彗 星：是宇宙中的流浪者，实际上是围绕地球旋转后由冰状气体和尘埃组成的球体，当它靠近太阳时，便会形成一个发光的气体尾巴，彗星（Comet）一词源于希腊语"aslerkometes"，意为"长发的星星"。

教你一招

另一类天体——"黑洞"

大家知道太阳系引力场最大的是太阳，而银河系则早在一百亿年前就形成了一个引力场极高、密度极大的漩涡中心。通过科学界的研究认证，银河系中心存在超大密度和引力场非常强的"黑洞"天体，致使大量的恒星系不断地向银河系中心聚集。在银河系核心强引力的作用下，一些不断聚集在银河系中心的恒星系又被不断地压缩，使银河中心的超大质量天体密度变得越来越大，最终将导致银河系中心的引力场越来越强。由于银河中心剧烈的物质核聚变，使银河系中心的温度继续急剧增高，引力也继续急剧加大。其又会将大部分靠近的恒星继续压缩成为一个密度不断增高、引力不断加大的新天体。此时，银河中心也就形成了连光线也都难以逃脱的强引力"黑洞"类天体。其实，这个"黑洞"并不黑，只是因为银河系内的所有物质射线全都被它吸引了，连光线也不再折射出来，所以我们就不会看到这个天体的存在，自然而然的也就形成了黑色。银河系既然如此，而其他的星系和浩瀚的宇宙中心也是一个样子的。宇宙中数不清的"黑洞"类天体继续不断地增大，最终使宇宙各星系的所有物质被自身的"黑洞"吞并，然后再由一个超大质量的"黑洞"天体将所有的小质量的"黑洞"吞并成为一个奇点，宇宙又回到了大爆炸的初期状态。

现代科学家将宇宙黑洞定性在超新星爆炸坍塌后，在不断地进行压缩成为高质量的"黑洞"类天体。究竟一颗恒星在坍塌过程中，是什么物质产生的密度极高、引力场极强的类天体呢？我们知道，恒星是由物质的核聚变形成的，是否由不同的物质粒子在不断地被引力场压缩重组后形成一种我们人类目前还不能解释的一种新的物质体系呢？也有可能会形成一个超级的原子，在超级引力场的作用下，空间所有物质的原子都被压缩在一起。这个巨无霸的超级宇宙原子具备了所有物质原子的形态，内核是由所有物质的质子和中子形成的正电荷中心，核外围绕着所有被压缩物质的负电子荷云团。这个宇宙原子构成了空间强大的电力场，在电力场的周围构成了强大的宇宙磁场。在经过数十亿年后，这个不断运动着的超级宇宙原子的核心温度在不断地增长、裂变、膨胀，最终走向大爆炸极限，而后又形成了一个崭新的物质宇宙时空系。当宇宙构成一个巨大的原子后，宇宙空间已不复存在，没有了物质的分类，也不再会有光线的存在，只有电场和磁场，这就是宇宙的循环过程。

天文占星并驾行

许多人把天文学和占星术混为一谈，其实很容易就可以把它们区分开来。

材料：见本节链接。

步骤：

1.宣布你打算"证明占星术是一门科学——运用星星可以预言人的性格及生活"（当然占星术并非一门科学，但先别泄露出去）。

2.有谁知道星象的意思？人们把它看作是重要有用的信息吗？人们总是在大脑中存储一些自己并不理解的东西，因此也就会错误地使用这些信息。

3.描述这项活动："科学是建立在直接观察的基础上的，所以我们打算通过直接观察，收集事实来

太空探险为我们提供了大量有用的副产品，这些副产品用于似乎与航空无关的领域里。例如：小型太空设备的开发制造促进了自动装置的发展，否则它们会因体积太大而不实用。现在你知道照相机和收音机为什么这样小的原因了吗？

证实占星术是一门科学。我有前天报纸上的星占（也就是说它们是对昨天的预测）。告诉我你的出生日期，我就能根据你的天宫给你算命。我想让每个人举一个例子，说明昨天发生的事情与他们的星占相符。"

4.人们要仔细斟酌他们星占中的每句话，甚至每个词。几乎每个人都会刻意寻找一件哪怕是最小的事实来证明它有一定的道理。

5.告诉大家刚才的星占不是对昨天的预测。这种研究的不科学之处在哪里呢？主观感觉是怎样歪曲调查结果的呢？怎么说占星术就是一门"科学"呢？有趣的是，许多正统的占星士并不接受报纸上的星占，这能为占星术的确是一门"科学"留有余地吗？占星术和天文学的区别究竟在哪儿？

▍话题：科学方法　人类行为　恒星

太阳看上去每年沿着群星间的一条轨道运转，这条轨道在空中所处的地带被称为"黄道带"。同样，月亮和行星的轨道也位于这条狭窄的黄道带中。人们把这条黄道带分成12个部分。早在2000年前，人们就依照距每一部分最近的星座，即星群给这些部分命了名。其实星座体现的只是群星之间一种任意的关系，并非像真正的天文学上存在的那样。一些人认为，在你出生的那一天，太阳、月亮和行星所在的黄道带的迹象会影响你的性格，这种信仰就被称为"占星术"，它并没有太多的科学依据。虽然天文学和占星术都和天体研究及行星和恒星的准确位置有着一定关系，但是占星术还包含了一些个人的观念，因此预言并不是建立在可靠事实的基础上的。而天文学则包含了建立在观察与考证基础上的一些科学解释，天文学符合科学定义的要求，而占星术却不然。

教你一招

占星的历史

人类开始对天空、星星产生好奇，并对此开始进行了记录、研究与思考，渐渐地，人类也结合科学进行对天体的研究，并总结出一定的规律。起初人们是将星体运动的变化与天气、人文活动等客观现象进行联系，并成了一种新的占卜术——占星术。后来，人们把这一类知识、活动称为"占星"。

天体的运行，长久就吸引了许多古老文明的好奇心和兴趣，史前巨石阵（Stonehenge）的遗迹（2750—1870A.D.）就是一个例子，远古的塞尔特人（Celts）就能够预测天空的食象和太阳及月亮运行的轨道及其偏差，但是天文现象对于塞尔特人的宗教意义和其仪式，由于其缺少文字的记载，所以至今仍是一个谜。在现今所知的文明当中，美索不达米亚文化可以算是第一个有系统的发展和应用天体观察所显示的征兆，遗留下了使用楔形文字所记录的历法，如果说西方的历史文明是起源于美索不达米亚平原的苏美人，那么也同样是源于人类对于星体观察所衍生出的形而上学，也就是说，这样的知识形态一直延续到了公元六世纪之前的两河流域和埃及地区，甚至远至印度和中国地区。公元前四世纪，亚历山大征服统一了两河流域和埃及等广大的地区，占星术似乎是这广大地区中的人民的宇宙观和世界观，这种认为灵魂先于人的肉体而存在的想法，几乎支配了所有人的生活方式及对于命运的态度。

虽然，占星术在当时的影响力在现今是不容易估计的，但是其在人类文明的发展中，却扮演了举足轻重的影响力，在历史上的某些时期，占星术的想法是占优势的，其受到了哲学及宗教的影响，在现今的知识体系中是显而易见的，而许多人类所遗留下来的历史遗迹，也残留下了许多和占星术有关的符号和神话。

幸福之乡

地球是银河系中第五大行星，太阳系中的第三大行星，下面这个要你做决定的问题说明了使地球成为我们独特家园的一些要素。

材料：纸；铅笔。

步骤：

1. 请准备以下16项器具：火柴、压缩食品、50米长的尼龙绳、降落伞、驱蚊剂、两把45口径的气枪、脱水牛奶、两瓶氧气、星体示意图、一条毛毯、磁性指南针、几瓶水、闪光信号、带卡簧的急救箱、太阳能调频收放机及一套增压服。

2. 第一幕：你的飞机坠落在一片距人群300公里的荒芜地带。没有人知道你的飞机遇难，而你只有到达人群居住的地方才能获救，飞机坠毁后有16件东西没有摔坏，在这300公里的旅途中，你只能选择其中的一些带在身边。哪些是最重要的呢？

3. 第二幕：你乘坐太空船到月球有光照的一面去和母船会合。在距会合点300公里的地方，你的船发生意外，没有人知道你遇到麻烦，而你只能到达会合点才能获救。现在有16样东西可以用，在这300公里的旅途中，你只能选择其中几样带在身边，哪些是最重

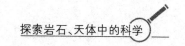

要的呢？

4.在一张纸上列出16种物品。在第一种情形下，把它们依照重要性，按顺序排列起来。然后在第二种情形下进行排列，两次排列的顺序有什么不同？为什么会不同？两次排列有哪些相同之处？下面列出可能的排列的顺序，你的排序与下面列出的顺序一样吗？有哪些不同？为什么？

可能的顺序：

第一幕：1.几瓶水（生存的基础）；2.磁性指南针（辨别方向）；3.压缩食品（食物）；4.火柴（取暖和做饭）；5.太阳能调频收放机（求救信号）；6.带卡簧的急救箱（任何急救用品都非常有用）；7.驱蚊剂（保护身体）；8.50米长尼龙绳（攀登）；9.毯子（保暖）；10.光的信号（求救）；11.脱水牛奶（有一些其他食物）；12.两把45口径气枪（自卫）；13.增压服（遮盖身体）；14.降落伞（没用）；15.星体显示图（没用）；16.两大瓶氧气（无用）。

第二幕：1.增压服（对付月亮的重力和大气至关重要）；2.两瓶氧气（月球上没有氧气所以很必要）；3.几瓶水（对生存很重要）；4.星体示意图（辨明方向的关键）；5.压缩食品（食物）；6.太阳能调频收放机（求救信号，与母船保持联系）；7.50米长的尼龙绳（攀登）；8.带卡簧的急救箱（没有重力的情况下需要卡簧）；9.降落伞（没用）；10.两把45口径的气枪（自我推进设施）；11.脱水牛奶（一些别的食物）；12.毯子（有了太空服）；13.火柴（几乎无用）；14.闪光信号（因大气中没有氧气，所以几乎无用）；15.磁性指南针（没有磁极，所以无用）；16.驱蚊剂（无用）。

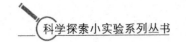
话题：地球 决策 行星

地球是一个由石头及金属构成的、直径约13000千米的球状体，它的表面覆盖着水、岩石及土壤，科学家们认为地球已有了46亿年的历史，是50多亿人赖以生存的家园。

在许多方面，地球是独一无二的。它有一个液体核心，其成分主要是液铁。实际上，铁是我们这个星球上最丰富的元素，其次是氧、硅、铝、钙、镁。此外，还有86种相对数量较少的元素存在于地球上。地球表面有70%的面积被水覆盖，这表明地球上的液体水比其他任何星球都多。地球的最后一个特征是用于延续生命的大气，其中80%是氮气，20%是氧气及少量氩气、二氧化碳、水蒸气及一些别的气体。大气层就像一条毛毯，使地球保持温暖；同时它还像个屏障一样，阻止致命的太阳紫外线直接照射到地面。

教你一招

发现银河系

又名天河汉、天河，英文名称为 The Milky Way galaxy 或 The Milky Way system，是太阳系所在的恒星系统，包括1 200亿颗恒星和大量的星团、星云，还有各种类型的星际气体和星际尘埃。它的直径约为100000多光年，中心厚度约为12000光年，总质量是太阳质量的

1 400亿倍。银河系是一个旋涡星系，具有旋涡结构，即有一个银心和两个旋臂，旋臂相距4500光年。太阳位于银河一个支臂猎户臂上，至银河中心的距离大约是26000光年。

银河系的发现经历了漫长的过程。望远镜发明后，伽利略首先用望远镜观测银河系，发现银河系由恒星组成。而后，T.赖特、I.康德、J.H.朗伯等认为，银河和全部恒星可能集合成一个巨大的恒星系统。

18世纪后期，F.W.赫歇尔用自制的反射望远镜开始恒星计数的观测，以确定恒星系统的结构和大小，他断言恒星系统呈扁盘状，太阳离盘中心不远。他去世后，其子J.F.赫歇尔继承父业，继续进行深入研究，把恒星计数的工作扩展到南天。

20世纪初，天文学家把以银河为表观现象的恒星系统称为银河系。J.C.卡普坦应用统计视差的方法测定恒星的平均距离，结合恒星计数，得出了一个银河系模型。在这个模型里，太阳居中，银河系呈圆盘状，直径8000秒差距，厚2000秒差距。H.沙普利应用造父变星的周光关系，测定球状星团的距离，从球状星团的分布来研究银河系的结构和大小。他提出的模型是：银河系是一个透镜状的恒星系统，太阳不在中心。沙普利得出，银河系直径80000秒差距，太阳离银心20000千秒差距。这些数值太大，因为沙普利在计算距离时未计入星际消光。

20世纪20年代，银河系自转被发现以后，沙普利的银河系模型得到公认。银河系是一个巨型棒旋星系（漩涡星系的一种），Sb型，共有4条旋臂。包含一两千亿颗恒星。银河系整体作较差自转，太阳处自转速度约220千米/秒，太阳绕银心运转一周约2.5亿年。银河系的目视绝对星等为—20.5等，银河系的总质量大约是我们太阳质量的1万亿倍，大致10倍于银河系全部恒星质量的总和。这是我们银河系中存在范围远远超出明亮恒星盘的暗物质的强有力证据。关于银河系的年龄，目前占主流的观点认为，银河系在宇宙大爆炸之后不久就诞生了，用这种方法计算出，我们银河系的年龄在145亿岁左右，上下误差各有20多亿年。而科学界认为宇宙大爆炸大约发生137亿年前。另一说法，银河直径约为8万光年。

永不停歇的运动

地球在不停地运动着。进行一次简单、快速的观察，便可以了解地球自转与太阳的紧密联系。

材料：

阳光；长杆；干净有光照的一块地方；石块或其他标志物；表；胶带——任选；笔；指南针。

步骤：

1.千万不可直视太阳，那会使你的眼睛受到无可挽救的损伤。

2.把一根长竿直立地插入水平地面，使其与地面成90度角。

3.在10分钟内，长竿影子的尖端位置会发生什么变化？预测一下并标示出来。

4.在10分钟后，检验一下你的预测，你是否对竿影移动的方式和速度感到惊讶？地球的直径是13000公里，因此它必须以很快的速度运动，才能在24小时内完成自转。

5.扩展活动：标记出一天不同时刻竿影尖端所在的位置。（用胶带在每个标记物上标明时间）

每天竿影大体上遵循什么样的运动方式？你能否通过加有标记物

的影子来判断时刻？影子何时最短？何时最长？影子的长短为何会发生变化（考虑一下太阳在空中的位置）？利用指南针找出影子在长度不同时指的方向。对影子的形状进行连续几周的观察，看它是如何变化的？

话题：地球　光　测量

在围绕太阳旋转的期间内（即一年），地球实际上进行了365零1／4次自转。因此每四年有一个闰年，在这一年，我们把多出来的一天也加进去，以便把每年多出来的1／4次自转补上（4×1／4=1天）。代表闰年的数字可以被4整除（如1992÷4=498）。

地球围绕穿过其球心的轴旋转。一次完整的自转要花约24小时，表明一个日夜的结束。与实际看起来的情况相反，太阳并不是真的在天空中移动的，实际上是地球在进行运动。太阳"落下去，升起来"的说法实际上是不正确的，但是我们之所以说日出、日落是因为从地球的角度看，很实用。在钟表发明之前，人们判断时间的方法之一就是在有阳光的时候观察影子。在一天内，影子长度会发生变化；最短的影子常出现在一天的中间时刻（但不一定是正午）。地球围绕自己的轴旋转的同时，也循着一定的轨道围绕太阳进行旋转。365个日夜（或365次地球自转）组成一个公历年，也就是地球围绕太阳公转所需的大概时间。

站好后，慢慢由西向东转圈，看一下周围的景物好像是在按什么方向运动？这与地球的自转是同一个道理：地球从西向东转，结果使天空看起来好像是从东向西运动。

教你一招

光的奥秘

光是人类眼睛可以看见的一种电磁波，也称可见光谱。在科学上的定义，光是指所有的电磁波谱。光是由光子为基本粒子组成，具有粒子性与波动性，称为波粒二象性。光可以在真空、空气、水等透明的物质中传播。对于可见光的范围没有一个明确的界限，一般人的眼睛所能接受的光的波长在380—760nm之间。人们看到的光来自太阳或借助于产生光的设备，包括白炽灯泡、荧光灯管、激光器、萤火虫等。

苏格兰物理学家詹姆士·克拉克·麦克斯韦——19世纪物理学界的巨人之一的研究成果问世，物理学家们才对光学定律有了确定的了解。从某些意义上来说，麦克斯韦正是迈克尔·法拉第的对立面。法拉第在试验中有着惊人的直觉却完全没有受过正式训练，而与法拉第同时代的麦克斯韦则是高等数学的大师。他在剑桥大学上学时擅长数学物理，在那里艾萨克·牛顿于两个世纪之前完成了自己的工作。

牛顿发明了微积分。微积分以"微分方程"的语言来表述，描述事物在时间和空间中如何顺利地经历细微的变化。海洋波浪、液体、气体和炮弹的运动都可以用微分方程的语言进行描述。麦克斯韦抱着清晰的目标开始了工作——用精确的微分方程表达法拉第革命性的研究结果和他的力场。

麦克斯韦从法拉第电场可以转变为磁场且反之亦然这一发现着手。他采用了法拉第对于力场的描述，并且用微分方程的精确语言重写，得出了现代科学中最重要的方程组之一。它们是一组8个看起来十分艰深的方程式。世界上的每一位物理学家和工程师在研究生阶段学习掌握电磁学时都必须努力消化这些方程式。

随后，麦克斯韦向自己提出了具有决定性意义的问题：如果磁场可以转变为电场，并且反之亦然，那若它们被永远不断地相互转变会发生什么情况？麦克斯韦发现这些电—磁场会制造出一种波，与海洋波十分类似。令他吃惊的是，他计算了这些波的速度，发现那正是光的速度！在1864年发现这一事实后，他预言性地写道："这一速度与光速如此接近，看来我们有充分的理由相信光本身是一种电磁干扰。"

这可能是人类历史上最伟大的发现之一。有史以来第一次，光的奥秘终于被揭开了。麦克斯韦突然意识到，从日出的光辉、落日的红焰、彩虹的绚丽色彩到天空中闪烁的星光，都可以用他匆匆写在一页纸上的波来描述。今天我们意识到整个电磁波谱——从电视天线、红外线、可见光、紫外线、X射线、微波和Y射线都只不过是麦克斯韦波，即振动的法拉第力场。根据爱因斯坦的相对论，光在路过强引力场时，光线会扭曲。

地心的吸引力

是什么使卫星保持在空中？这种玩具制作起来很容易，用起来也很有趣，而且还证明了一个很重要的概念。

"重力"是指地心引力作用于物体质量（物质的多少）产生的力。在月球上，物体的质量与其在地球上是一样的，但其重力却小得多，因为月球的引力不像地球的那么大。如果我们在太空中漫步，必须面对的问题之一就是地心引力很小或没有的情况。在地心引力为零的情况下，很多活动都难以进行（例如：当你和食物都在空中飘来飘去时，是很难把它们吃进去的）。肌肉也很快地衰弱，时间长了，就永远也无法复原了。

材料：

书；笔；细硬的管子（如麦秆、吸管、圆珠笔管）；细绳；小球；橡皮或螺帽（或任何可以用来做重物的东西）；胶带——任选；椅子。

步骤:

1.抓住一本书,松手,会发生什么情况?地心引力把它向下拉。一手拿书,一手拿笔,同时松手,两样东西哪样先碰到地面?进行该实验时,要保持一定的高度(如站在椅子上)。

2.把一段绳子(大约1米长)穿到一根管子里,然后在两头各系上一个重物,要确保绳子把重物系牢了,有必要的话可用胶带。如果重物飞出来会很危险。

3.上方的物体代表卫星,下方的代表地心引力。让卫星旋转起来。下方的物体上升了吗?你能否做到既使卫星旋转又使下方物体保持不动?也就是当卫星旋转时,下方的物体既不向上移动,也不向下移动,这需要反复练习,要想保持一定的"轨道",由卫星自转引起的向外的拉力,必须与地心引力(下方的物体)保持平衡。

4.改变"轨道"的半径(如,使卫星沿较大的圈旋转),这种情况下,要想使下方的物体保持水平,卫星的速度应加快还是减慢?

5.如果上方的物体或下方的物体质量增加(如,系上两个物体代表卫星或两个代表地心引力),会出现什么情况?

哪种质量组合使我们不得不加快卫星的速度以使其处于稳定的"轨道"中呢?

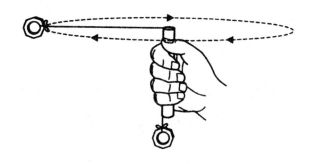

话题：力　地球　行星

　　"地心引力"就是把物体向地心拉的力。不论物体的大小、质量如何，地心引力对所有的物体都施以均等的力。其他天体（如其他小行星或月球）也会施加重力，重力的大小取决于天体的质量。万有引力帮助人造卫星及自然的卫星保持在各自的轨道上（例如：月亮绕着地球转，地球绕着太阳转）。

　　人造卫星是基本上能自控的星体，带有传感器、一个用来收集、存贮及传送信息的中心数据处理器、讯号发射和接收装置以及由太阳能吸热板和太阳能电池组成的供电系统。当人造卫星绕地球旋转时，地球的万有引力阻止了它脱离轨道进入太空。火箭给卫星施给初始动力，使之进入太空，卫星在轨道上运行的速度使之得以停留在太空中。与此同时，地心引力一直对卫星施以拉力，使之保持在圆形轨道上的运动。卫星必须有一个最合适的沿轨道旋转的速度；否则它就会被拉得离地球越来越近，卫星离地球越近，地球对其产生的引力也就越小。由于引力小了，卫星就可以比较低的速度沿轨道旋转而不至于被拉回到地球上。

教你一招

地心引力

　　地心引力（Gravity），一切有质量的物体之间产生的互相吸引的作用力。地球对其他物体的这种作用力，叫作地心引力。其他物体所受到的地心引力方向向着地心。这是由于地球自转造成的，地球自转会产生一个叫地转偏向力的力。在北半球它使物体在运动时方向向右偏；在南半球它使物体运动时方向向左偏，所以在北半球是逆时针，在南半球的话就是顺时针，根据牛顿的万有引力定律，任何有质量的两种物质之间都有引力。

地球本身有相当大的质量，所以也会对地球周围的任何物体表现出引力。拿一个杯子举例，地球随时对杯子表现出引力，杯子也对地球表现出引力。地球的质量太大了，对杯子的引力相对自身质量来说也就非常大，加速度也就比较大，所以，就把杯子吸引过去了，方向，就是向着地球中心的方向，这个力就是地心引力。

重力并不等于地球对物体的引力。由于地球本身的自转，除了两极以外，地面上其他地点的物体，都随着地球一起，围绕地轴做匀速圆周运动，这就需要有垂直指向地轴的向心力，这个向心力只能由地球对物体的引力来提供，我们可以把地球对物体的引力分解为两个分力，一个分力 F_1，方向指向地轴，大小等于物体绕地轴做匀速圆周运动所需的向心力；另一个分力 G 就是物体所受的重力。其中 $F_1=mw^2r$（w 为地球自转角速度，r 为物体旋转半径），可见 F_1 的大小在两极为零，随纬度减少而增加，在赤道地区为最大 F_{1max}。因物体的向心力是很小的，所以在一般情况下，可以认为物体的重力大小就是万有引力的大小，即在一般情况下可以略去地球转动的效果。

月亮公主

月亮是地球的一颗卫星，它大约在一个月内完成一次围绕地球进行的环行，试一试"踏上月球"。

材料： 大块空地；卷尺；石块或其他做记号的工具。

步骤：

1.在一片空地上，划出一个直径为50米的大圆圈，它代表月球运行的轨道，在一定的点上，放上石块或其他东西作为记号。

2.在大圆中心处量出4米，作为小圆圈，表示地球的直径，画出小圆圈。

3.从小圈上引出一条逐渐旋出的螺线，直至与大圆相交，交点即"登月点"。

4.一人扮作月球，他或她以等大的步子在大圆上慢跑，跑时盯着地面，使自己无法看到"宇宙飞船"。

5.另一个人扮作"宇宙飞船"，在内圈上匀速慢跑，"宇宙飞船"可自行决定脱离"地球"，开始沿螺线慢跑以便在"登月点"处与"月球"相遇，一旦"宇宙飞船"脱离地球后，他或她就必须盯着地面，并保持均匀的步伐（不许作弊！）。要想在"登月点"使"月球"

和"宇宙飞船"能恰好碰上，需反复练习，以确定何时开始沿螺线慢跑。

6. 改变螺线以改变登月点的位置（如使螺线更密或更疏）。

话题：力　地球　行星

土星的光环是由于该行星轨道内存在着的数亿的冰片造成的，这些光环也可能包含着爆炸的卫星余下的石块。

地球的卫星月球距我们约385000公里远，是我们最近的邻居，相对而言，它很小甚至可以轻而易举地将它嵌入加拿大境内。虽然它看起来是圆形的，但实际却是鸡蛋形的，较细的那端外壳较薄，面向地球，有些科学家认为是地球强大的地心引力才把月球拉成这个样子的。由于月球周围几乎没有大气，因此它的温度要比地球的温度落差大得多，月球表面的温度高时可达到水的沸点（100摄氏度），低时会降到零下150摄氏度。大概当初有一颗与火星大小相仿的行星撞到地球上，大量碎块被吸入太空，围绕我们的行星（地球）旋转，于是月球就开始形成了。随着时间的推移，这些物质凝聚成一个直径为地球直径1/4的球体，地球的月亮并不是太阳系中唯一的卫星——冥王星有1颗；火星有2颗；海王星有8颗；天王星有15颗；木星有16颗；土星有18颗。

月球和地球都是永恒运动着的，这就意味着登月时面临着一个时间造成的难题。因此，为了使宇宙飞船能够在精确的时刻脱离地球引力，准确飞向月球并与之会合，必须进行精密的计算。

教你一招

潮汐效应

地球上的潮汐主要是来自月球牵引地球两侧引力强度的渐进变化，潮汐力，造成的。这在地球上造成两处隆起，最清楚的是海潮，海平面的升高。由于地球自转的速度大约是月球环绕地球速度的27倍，因此这个隆起在地球表面上被拖曳的速度比月球的移动还快，大约一天绕着地球的转轴旋转一圈。海潮会受到一些影响而增强：水经过海底时的摩擦力与地球自转的耦合，水移动时的惯性，接近陆地的平坦海滩，和不同海洋盆地之间的振荡。太阳的引力对地球海潮的影响大约是月球的一半，它们相互的引力影响造成了大潮和小潮。月球和靠近月球一侧隆起的重力耦合对地球的自转产生了一个扭矩，从地球的自转中消耗了角动量和转动的动能。反过来，角动量被添加到月球轨道，使月球加速，使得月球升到更高的轨道和有更长的轨道周期。结果是，月球和地球的距离增加，和地球的自转减缓。通过阿波逻任务安装在月球表面上的月球测距仪，测量月球到地球的距离，发现地月距离每年增加38毫米（虽然每年只是月球轨道半径的0.1ppb）。原子钟也显示地球的自转的一天，每年约减缓15微秒，在UTC的缓慢增加被闰秒加以调整。潮汐拖曳会继续进行，直到地球的自转速度减缓到与月球的轨道周期吻合。

和你一起看流星雨

自己制造一场"流星雨",以便获得有关地球和月球上陨石坑的形状、大小及特征的第一手资料。

材料:沙地或松软的土地;大小不同的石块;水——任选。

步骤:

1.本实验的基本思路就是抛出石块,使其落在沙地或土地上,并留下坑。与选定的小块沙地(如0.5平方米)保持一定距离,然后抛出"流星"。有些流星会落在该区域内(代表陨石);有些会落在该区域外(代表流星体)。

2.小心地把"陨石"从地上拾起。看看不同的石块是否会留下不同的坑?这些坑有何不同之处?陨石冲力的角度对坑的形成有何影响?要想砸出一个深点的坑,可以有几种不同的方法?如何区分原有的坑和新坑?

3.变化:如果把流星抛向潮湿的沙地或土地上,这些坑的性质会有何变化?

> 陨石的主要成分是铁和镍。这两种元素都是有磁性的。如果把磁铁在地面上来回拖几下,就会吸上许多小颗粒。大约20%的颗粒是来自外层空间的尘埃。

话题：石头的种类　恒星　地球

"流星体"是由飘荡在太空中的大块岩石、冰和金属组成的。一旦它与地球大气层相撞，就会使空气发光发热，并在空中留下一道亮光，这就形成了"流星"。如果它落到了地面上，就被称作"陨石"。许多巨型流星不会接触到地球表面，因为在此之前它们就已经燃尽了。不过，许多小陨石（流星体的小颗粒）会落到地球表面上，每天，小陨石的到来会使地球上增加400吨的物质。大约好几年才会有一些大型陨石落到地球表面上，每一万年地球才有可能碰到一块比高山还庞大的陨石。而即使陨石真的落到了地球上，它落到陆地上的机会只有1／4。大多数陨石都会掉倒海里。一旦陨石落到了地球上（或月球上），就会留下巨大的陨石坑。在加拿大魁北克省，有一个宽达3公里的大坑，地理学家认为该坑就是由陨石砸成的。

教你一招

流星雨的发现和历史记载

流星雨的发现和记载，也是中国最早，《竹书纪年》中就有"夏帝癸十五年，夜中星陨如雨"的记载，最详细的记录见于《左传》："鲁庄公七年夏四月辛卯夜，恒星不见，夜中星陨如雨。"鲁庄公七年是公元前687年，这是世界上天琴座流星雨的最早记录。

中国古代关于流星雨的记录，大约有180次之多。其中，天琴座流星雨记录大约有9次，英仙座流星雨大约12次，狮子座流星雨记录有7次。这些记录，对于研究流星群轨道的演变，也将是重要的资料。

流星雨的出现，场面相当动人。中国古记录也很精彩。试举天琴座流星雨的一次记录作例：南北朝时期刘宋孝武帝"大明五年……三月，月掩轩辕。……有流星数千万，或长或短，或大或小，并西行，至晓而止。"（《宋书·天文志》）这是在公元461年。当然，这里的所谓"数千万"并非确数，而是"为数极多"的泛称。

流星体坠落到地面通常为陨石或陨铁或者其他金属类石头，这一事实，中国也有记载。《史记·天官书》中就有"星陨至地，则石也"的解释。到了北宋，沈括更发现陨石中有以铁为主要成分的。他在《梦溪笔谈》卷二十里就写着："治平元年，常州日禺时，天有大声如雷，乃一大星，几如月，见于东南。少时而又震一声，移着西南。又一震而坠在宜兴县民许氏园中，远近皆见，火光赫然照天，……视地中只有一窍如杯大，极深。下视之，星在其中，荧荧然，良久渐暗，尚热不可近。又久之，发其窍，深三尺余，乃得一圆石，犹热，其大如拳，一头微锐，色如铁，重亦如之。"宋英宗治平元年是公元1064年。沈括已经注意到陨石的成分了。

在欧洲直到1803年以后，人们才认识到陨石是流星体坠落到地面的残留部分。

在中国现在保存的最古年代的陨铁是四川隆川陨铁，大约是在明代陨落的，清康熙五十五年（公元1716年）掘出，重58.5千克。现在保存在成都地质学院。

追不上的光速

光从太阳到达地球需要多长时间？做几个和光年有关的简单运算，然后亲自记录需要的时间。

材料： 纸；铅笔；计时器；计算器——任选。

步骤：

1. 光以大约每秒300000公里的速度传播。计算一下光在一分钟内传播的距离：300000公里×60（1分钟有60秒）=A公里。

2. 计算光在1小时内传播的距离：A公里（上题的答案）×60（1小时有60分钟）=B公里。

3. 计算光在1天内传播的距离：B公里（上题的答案）×24（1天有24个小时）=C公里。

4. 计算光在1年内传播的距离：C公里（上题答案）×365（1年有365天）=D公里。这个答案，即D公里，就是一光年。

5. 现在算一下光从太阳到达地球要花多长时间，太阳距地球大约有150000000公里。150000000公里除以3000000公里／秒，就会得出以秒为单位的时间。把这个时间用60除，就会得出光从太阳到达地球所需的分钟数。

6.记录光从太阳传播到地球所用的时间。倒计时"三、二、一、开始!"在结束倒计时的同时,使计时器以定好的分钟数处开始启动(即前面的计算结果)。等计时器走到头时,就表明光已到达地球了。

如果你向太空发出信息,怎么才能知道是否有人在接听呢?你如何分辨对方的回答呢?天文学家把无线电望远镜瞄准了宇宙的每一个角落。到目前为止,他们相信所收集到的无线电波都只是来自自然界。无线电波以光速(300000公里/秒)传播。即使以这种速度,要想使某一信息在地球和距其最近的恒星之间传播,也得花许多年。你能想象得出,说一声"你好"要等100年后才得到回答吗?

处于地球大气层下面的地球本身对大气层而言,就是一个庞大的热源。来自太阳的辐射能首先被地球上的水、岩石和土壤吸收,之后转变成热能。然后这些受热物质又通过"红外线辐射"(辐射热能)对最靠近地球表面的大气层进行加热。由于这种加热过程的作用,接近地球的大气温度要比远离地球处的温度高。除此之外,由于接近地球表面的大气与高层空间处的大气相比,密度更大,尘埃更多,湿度也更大,因此能够更多地吸收来自太阳的辐射和来自地面的红外线辐射。

话题：光　数字　测量

宇宙空间的距离如此之巨大，以至于不得不用"光年"来表示。一光年是指光于一年内在太空中传播的距离。一光年到底有多远呢？光以大约300000公里／秒的速度传播，那么一光年就是大约9.5兆公里。从地球到太阳之间上百万公里的路程，只要花8分20秒就能走完。

天空的颜色

为什么从地球上看去，天空是蓝色的，而从月球上拍的照片却显示天空是黑色的呢？用水和牛奶做个实验，就能明白其中的奥秘了。

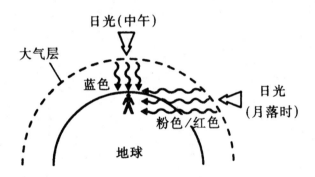

材料：

大的透明水杯或罐子；水；牛奶；汤匙；黑色的建筑图纸；电筒。

步骤：

1.在黑暗的地方做这个实验（如壁橱）。

2.将玻璃杯或罐子的3／4装满水。在水杯后面放一张黑色的纸。

3.使电筒光直射或透过杯壁照射到水中，水看起来是清澈的吗？

透过水你能很容易就看到黑色的纸吗？这种观察就像是从月球表面看天空一样。

4.在将电筒光射入水中的同时，往杯中倒入牛奶，每次倒一小匙，然后搅匀。你能否看到淡淡的蓝色？你还能不能再看到黑色的纸？蓝色是否最终变成了红色或粉红色？转圈移动电筒，使光线从各个角度透过杯子射入水中。这是不是像地球上面的天空？

话题：光　大气层

地球的大气层中充满了各种各样的微小粒子（如：废气、灰尘、油烟、花粉、石块、海水中蒸发出来的盐以及汽车尾气和工厂的浓烟）。当太阳光照射到这些粒子上时，光线就会被分散。可见光中的白光是由构成彩虹的各种颜色组成的。当光线射到这些微粒上并被反射时，人们便可以看到各种不同颜色。波长短的光线（蓝色/紫色）与波长的光线（如红色）的发散的方式不同。当阳光在我们头顶上直射时（正午），蓝光被分散得最多。因此，天空呈现为蓝色。当太阳低于水平线时（日出、日落），天空呈现为紫色或红色。斜射的光线要穿过更厚的大气层，并且由于蓝光被过度地分散，所以我们看不到蓝色。这时只有红光能到达地球。月球上没有大气层也没有漂浮的粒子，因此光线也就不能被分散。如果你站在月球的表面观察宇宙，会清楚地看到一望无际的漆黑的空间。不同的大气层使天空看起来也不一样。如果你从火星上抬头向上望，在大气层的作用下，火星的天空看起来是粉色的。

　　在这个实验里，用清水代表从月球上看到的太空的样子。将牛奶混入水中后，你就创造出了一种"大气层"。此时光被分散，能够看到淡淡的蓝色。随着加入的牛奶不断增多，大气层变得越来越"厚"，这代表斜射的光线要穿过更多的地球大气层。你所看到的颜色是从光谱的一端（蓝色）移到另一端（粉色／红色）的。

　　地球的大气层不仅能分散光线，而且能折射光线。这样产生的结果就是天体在天空中看起来要比实际位置高。天体离地平线越近，这种效果就越明显。例如：你可以在太阳升起的几分钟之前就看到太阳。光线折射会使落日看起来五颜六色，这是由于当太阳落到地平线以下后，它发出的光线仍会在地平线上向四周发散。光线以不同的数量折射，形成不同颜色的光束，这就像光线被棱镜折射一样。

复杂运动

复杂的活动

地质学虽是从采集岩石开始的，但它并非单纯的采集岩石，而是对地球以及发生在地球上的各种变化的研究。多少年来，地质学家研究的一直是石块，而不是高山。现在，他们已开始把视野放到更广阔的领域。

在澳大利亚西部山区，地质学家发现了些距今已有4.1亿—4.2亿年的金属小颗粒，它们是到目前为止在地球上发现的最古老的金属小颗粒。这些小颗粒是普通的锆石。锆石是一种特别稳定的金属，它能经历亿万年的火山活动而不发生任何改变。

水的"软""硬"取决于溶解在其中的金属的数量与种类。在一个广口瓶中盛上500毫升水，并一次加一小滴肥皂水或洗涤剂，每加完一滴，盖好盖子，晃动瓶子。水越硬（即溶入其中的金属多），形成肥皂泡以前需要的水滴越多。用此方法鉴定不同水源的水样。

你是否注意到地表的一些河谷？土壤吸收了一部分降落于地表的

水汽，余下的水汽汇集在从高往低流的小溪中。这样，水、土壤和岩粒在地表上就冲出了一条沟渠。刚开始时，小沟渠只有几厘米宽和深，多年以后（也有一些特例，只需几天），小沟渠变成了深堑，最终形成了大河谷。

岩石与矿物质之间有什么差别？

矿物质是一种地球上自然存在的化学元素或化合物（元素组合体）。铁、红玉、金和石英都是矿物质。现已发现的矿物质有2000多种，其中，只有少数几种是岩石中常见的。岩石由矿物组成，但岩石本身并非矿物，而是矿物的混合体。

加拿大地盾是北美大陆的中心，加拿大几乎一半的国土都位于其上，它含有世界上年代最久远的岩石，也是世界上最多产的采矿区之一。它的基本金属铜、镍、锌和铅的含量尤其丰富。

苹果与行星

地质学是研究地球内部及外部结构的。你可以看到地球外部的结构，但是地球内部又有些什么呢？切开一个苹果，联想一下地球内部的结构。

材料： 苹果；小刀。

步骤：

1.你认为地球内部有些什么？地球是实心的还是空心的？

2.纵向将一个苹果切成两半，再横向将这个苹果切成两半。

3.仔细观察这个苹果，苹果和地球有很多相似点。它们都被一层薄薄的皮或硬壳所包裹，看看苹果皮与整个苹果相比有多薄？苹果和地球都有一个核而且在它们的皮或硬壳与核之间都有一个厚层。

4.仔细观察苹果的核，你会发现核内的种子被更坚硬的一层壳所环绕的空间包裹着。这有些像地球的内核和外核。地球的内核是固体，外核是一层黏稠的液体。

地球就像是一个在太空中漂移的大圆球。我们仅生活在地球上一个很小的区域范围内，无法看到地球的全貌，所以，在我们眼中，地球是平的。只有在卫星拍摄的照片中我们才会看到地球是圆的。

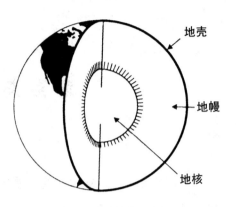

地壳

地幔

地核

话题：地球

地球的外层叫作地壳。地壳是我们居住的那部分地球。挖开它，当我们爬进洞里的时候，那儿就是我们勘探的部分了。地壳相对于整个地球显得非常薄。从地球上的山顶到海底，地壳至多只有10公里厚。地壳由三层组成：上层土，下层土，底盘岩。没有人曾经穿过地壳（到目前为止我们花了20年时间凿的最深的洞只有12公里深）。但是，科学家已经获得了一些有关下层地幔的线索。火山的熔岩来自地幔，所以科学家可以研究熔岩。此外，因为振动在不同的岩层中传播的速度不同，所以科学家研究了地震引起的振动并把它作为另一个线索。在地幔下面，也就是在地球的正中心，是"地核"，地核大概由两部分组成：由铁镍组成的固体内核和由黏稠的像布丁一样的混合物组成的外核。在地球内部越靠近地心，温度越高。科学家们认为地核的温度大约是6000摄氏度。

没有人确切知道地球是如何形成的。一个科学的解释就是地球是由气体和灰尘组成，经过几十亿年才形成旋转云团，这个云团环绕着那时还算是新的恒星和太阳。静电和重力的作用使得灰尘微粒聚集在一起，逐渐形成了一个越来越大的星体。

教你一招

地球的年龄

目前科学家对地球的年龄再次进行了确认，认为地球产生要远远晚于太阳系产生的时间，跨度约为1.5亿年左右。这远远晚于此前认为的30万—4500万年。此前科学家通过太阳系年龄计算公式算出了太阳系产生的时间为45.68亿年前，而地球产生的年龄要比太阳系晚30万年到4500万年左右，为45亿年前左右。在2007年时，瑞士的科学家对此数据进行了修正，认为地球的产生要在太阳系形成的6200万年之后。

地球和月亮的成因得到了大部分科学家的认可，是由于两颗金星水星大小的行星发生了相撞，进而产生了现在的地球和月球。科学家们通过放射性元素的衰变进而对地球和月球的年龄进行测算，不过由于当时科学技术并未像今天这样发达，所得出的数据也并非完全准确。

科学家一般是通过同位元素铪182和钨182两种放射元素来计算地球和月球年龄的。铪182的衰变期为900万年，衰变之后的同位素为钨182，而钨182则是地核的组成部分之一。科学家们认为在地球形成时，几乎所有的铪182元素全部已经衰变成了钨182。目前仅有极少量存在。

正是这微量的铪182才能够帮助科学家测算地球的真实年龄。尼尔斯研究所的教授说道："所有的铪完全衰变成钨需要50亿—60亿年的时间，并且都会沉在地核，而新的表明，地球和月球上地幔含有的元素量高于太阳系，而经过测算时间大约为1.5亿年左右。"

晶莹剔透

岩是矿石的混合物，而矿石又构成了晶体，每一种矿石都有它独到的晶体构造。下面让我们用糖和盐来生成晶体。

材料：

沸水；蔗糖；食盐；食物色素；醋；小块煤砖；水杯；浅的玻璃容器；量杯；餐匙；干净的绳或线；干净的纸片；铅笔；小棍子或草棍；纸巾；放大镜。

步骤：

1.岩石糖果：把一只水杯的2／3注上开水，加蔗糖搅拌直到不再溶解，你可以在一点水中溶解许多蔗糖，其糖与水的比例约为2：1，最好你弄出来的应该是一杯浓糖水，而且可能有一些蔗糖颗粒在里面漂浮，把线的一端系在铅笔的中部；另一端系一张纸片，把线和纸片弄湿，然后让它们粘上一些干的蔗糖颗粒，把铅笔搭在杯口上，这时纸片半悬在溶液中，把水杯放在一个安全的地方，在上面盖上一片纸巾以防灰尘，几天后，纸片和线的周围将有晶体形成，如果水蒸发得很慢，晶体就会很大，用放大镜观察它们，晶体是什么形状的？比较晶体与蔗糖颗粒，看看晶体是怎样构成的，尝一下那些晶体，想一想为什么叫它"岩石糖果"?

2.食盐的晶体:让我们来制作食盐晶体,按照同制作蔗糖晶体一样的过程,唯一的不同点是要少加食盐:(盐水比例要小于1:1)看看食盐晶体与蔗糖晶体有什么区别?

3.晶体花园:把几小块煤球撒在一只玻璃容器中,用开水注满一只250毫升的量杯,加盐搅拌直到不再溶解为止,在食盐溶液中加入两匙醋。把混合溶液倒在那些小块煤球上,当然,小煤球必须要露出溶液,在小煤球上加上几滴食用色素,把容器放在安全的地方。几周后,你将会得到一个五彩缤纷的花园。那些晶体很易碎,所以不要移动容器。不要品尝这些晶体。

话题:岩石类型　原子　雪

把某种材料的分子当作香蕉,无论你怎么努力,它们也无法被完全地组合到一起,现在假设分子是木质的建筑群,它们就会很好地结合在一起,无论你再加上多少块,当材料的分子为同一形状时,它们可以结合在一起形成固体的清楚的具有平滑表面的多面体结构,这叫作"晶体"。每一种晶体都有其特别的形状,例如食盐晶体——方形的——就与石英晶体不同。一些晶体——像金刚石、翡翠、蓝宝石、红宝石——之所以称之为"宝石",就是因为它们在切割和抛光后非常美丽的缘故。

有成百种的晶体都是天然形成的,雪花就如地球上大多数的矿石一样也是一种晶体,几百万年前,由于组成地球的物质非常热,以至于它们相互熔合在一起。当这些岩石溶液冷却下来之后，矿物质结晶了，你可以运用相同的过程来制作食盐和蔗糖晶体。蔗糖溶于水后，水分子使蔗糖分子彼此分离，热水要比冷水溶解更多的蔗糖，所以溶液"吃饱"了蔗糖，随着水的渐渐冷却，许多蔗糖分子又相互结合在一起，而这种结合是依照某种模式进行的，作为蔗糖晶体的生长点线上的蔗糖颗粒起到"结晶核"的作用，当然，没有结晶核，蔗糖晶体也会生成，只是要耗费更长的时间，一个晶体花园之所以采用煤球就是为了利用其间微小的洞隙，食盐溶液被洒在小块煤球上后，这些洞隙中也跟着吸满了水，随着水分从溶液表面蒸发消失掉，留下来的食盐就在最近的固体表面（如一小块煤球）上形成了微小的晶体，晶体累积在一起形成了晶体化园。

岩石的前世今生

岩石是根据它们的构成方式而分类的，下面这个二人到六人的游戏会告诉你各种类型的岩石是相互关联着的。

材料：

大的游戏板；上面有岩石循环过程的示意图（如右图所示）；做记号的工具；骰子。

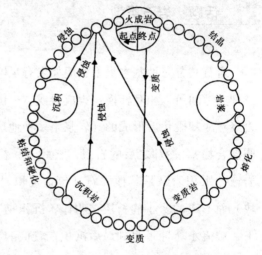

步骤：

1.所有的选手都必须从火成岩那一点出发，游戏的目标是按逆时针的方向绕着游戏板走，最后返回到火成岩那一点。

2.每投一次骰子你就会被告知可以移动多少距离，如果你停步或路过的圆圈中有箭头被引出的话（如沉积岩，变质岩），你就必须投一下骰子，如果投出的是1或2，你就必须返回如箭头所示的地方，如果数字并非1或2，你就不必那样做了，等待下一次机会再向前走，注意：当选手从火成岩的点出发时，不需要投骰子，但在返回到这一点时，选手们必须投一次。

3.要游戏结束时，选手们必须是正好到达火成岩的圆圈内（也就是说如果你距离终点只一步之遥，你提出的骰子数必须是1）。

4.返回了火成岩圈，且在最后投骰子时投出的不是1或2的选手，将是游戏的优胜者，如果投出了1或2，选手必须回到如箭头所示的地方。

话题：岩石类型

岩石共分三种基本类型，但如果有足够的时间和适当的条件，这三种类型间可以相互转换，火成岩或"火山岩，火构成的岩石"是由岩浆经冷却硬化后形成的（岩浆是一种地球内部的极热的，液体的岩质混合物）。冷却之后的岩浆，玄武岩和花岗岩都属于火成岩，沉积岩或"水积岩"是其他岩石（包括沉积岩本身）受侵蚀（碎裂成小块）而形成的。小的石块被叫作"沉积物"，它们从高处如山峰上滚下，被流水所冲带直到最后沉积在较低的土地上或是干脆进入海洋，随着这些沉积物经过漫长的积累，一层层松的物质渐渐变得坚硬，结构紧凑从而转变成岩石。例如，砂石中就含有黏结在一起的沙粒，变成岩，成"变化了"的岩石也是从其他岩石转变而来的。在足够的热量和压力情况下，岩石互相交叠，互相挤压，最后硬化成新的岩石，例如，大理石就是变质了的石灰石（一种沉积岩）。

总之，火成岩可以被看作是最先的和可以作为地球岩圈的渊源的岩石种类，火成岩和其他类型的岩石被侵蚀后，它们碎裂成块，这些石块又沉积起来形成了沉积岩，而沉积岩同火成岩一样——都有可能转化为变质岩，有时地下的高温还可以使岩石熔化从而又生成了火成岩。

教你一招

岩石的历史

地球形成之初，地核的引力把宇宙中的尘埃吸过来，凝聚的尘埃就变成了山石，经过风化，变成了岩石。接着就变成陨石，在没有落入地球大气层时，是游离于外太空的石质的，铁质的或是石铁混合的物质，若是落入大气层，在没有被大气烧毁而落到地面就成了我们平时见到的陨石，简单地说，所谓陨石，就是微缩版的小行星"撞击了地球"而留下的残骸。几亿年过去了，世界上就有了无数岩石。现在人类在岩土工程界，常按工程性质将岩石分为极坚硬的、坚硬的、中等坚硬的和软弱的四种类型。正在向定量方向发展。

古老岩石都出现在大陆内部的结晶基底之中。代表性的岩石属基性和超基性的火成岩。这些岩石由于受到强烈的变质作用已转变为富含绿泥石和角闪石的变质岩，通常我们称为绿岩。如1973年在西格陵兰发现了同位素年龄约38亿年的花岗片麻岩。1979年，巴屯等测定南非波波林带中部的片麻岩年龄39亿年左右。

加拿大北部的变质岩—阿卡斯卡片麻岩是保存完好的古老地球表面的一部分。放射性年代测定表明阿卡斯卡片麻岩有将近40亿年的年龄，从而说明某些大陆物质在地球形成之后几亿年就已经存在了。

火山的威力

火山提供了一些关于地球内部构造的线索，并且与火成岩的形成有紧密联系。让我们做一个火山模型试试看。

材料：

干净清晰的细颈瓶（如沙拉调味瓶）；小苏打；醋；洗涤剂；红色食品调色剂；大调羹；大平底锅（洗涤槽也可）。

步骤：

1.把细颈瓶放在大平底锅上。瓶子是怎样像一座火山的呢？瓶子内部是岩浆，瓶颈是火山通道，瓶口是火山口。

2.把4调羹小苏打放到瓶内（这样瓶内就会有至少一厘米厚的小苏打），再加入一些洗涤剂和几滴红色食品调色剂。

3.火山爆发是什么样的情形呢？在瓶内倒入与

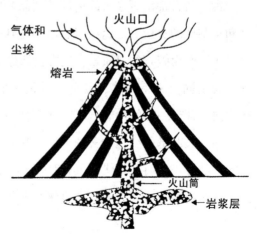

小苏打数量相当的醋，两种成分混合会引起一个产生二氧化碳的化学反应。这样，"火山"内部就产生了压力，"岩浆"内的气体开始四处膨胀，并向外移动，同时，推动岩浆（泡沫）向外移动，随后，"熔岩"就从"火山"顶部溢出。

4.熔岩在火山表面冷却下来后会发生什么变比？为何火山是锥形的呢？

话题：岩石种类　地球　化学反应

一座火山就如一个安全阀门一样，它是一个地球通道，能释放其内部的岩浆、气体、岩块、灰烬和有毒烟雾。当今世界上大概有500座火活山，而它们几乎都靠近地壳构造薄弱的山脉地区。在火山内部和地幔中，都有岩浆（一种高温、液体状的岩石合成物）和气体。当岩浆内部的温度和压力增强时，气体开始膨胀。激增的内压会最终引发火山的爆发。岩浆被压力顺着火山通道挤向火山口。在所有压力都释放出去之后，火山爆发也就结束了。被喷发到地表的岩浆就被称为"熔岩"。熔岩最快的流速是80公里／小时，但通常都低于16公里／小时。熔岩一冷却，就凝固成岩石。

冷却的熔岩产生像黑曜岩、乳石和玄武岩这样的火成岩。当熔岩冷却速度快时就形成黑曜岩（也称火山玻璃）。黑曜岩是一种黑色的，像玻璃一般的岩石。由于形成时由逃逸气体留下了很多小孔，所以，乳石轻得可以在水中飘浮。玄武岩是一种黑重无光彩的岩石。岩浆有时并未喷发到地表，相反，喷到了岩石内和岩石下，这样，岩浆就凝固成粗糙的粒状岩（如花岗岩）。花岗岩是地壳大陆所有火成岩中最常见的岩石。由于其上面的岩石都被慢慢腐蚀掉了，所以花岗岩通常都是裸露在地表。花岗岩表面上有些由岩石内部不同的矿物形成的小斑点。这些矿物包括石英（一种像玻璃的矿物）、云母（一种闪光金属），还有长石（具有多种颜色）。

教你一招

火山的形成

火山的形成涉及一系列物理化学过程。地壳上地幔岩石在一定温度压力条件下产生部分熔融并与母岩分离，熔融体通过孔隙或裂隙向上运移，并在一定部位逐渐富集而形成岩浆囊。随着岩浆的不断补给，岩浆囊的岩浆过剩压力逐渐增大。当表壳覆盖层的强度不足以阻止岩浆继续向上运动时，岩浆通过薄弱带向地表上升。在上升过程中溶解在岩浆中挥发份逐渐溶出，形成气泡，当气泡占有的体积分数超过75%时，禁锢在液体中的气泡会迅速释放出来，导致爆炸性喷发，气体释放后岩浆黏度降到很低，流动转变成湍流性质的。如若岩浆黏滞性数较低或挥发份较少，便仅有宁静式溢流。从部分熔融到喷发一系列的物理化学变化的差别形成了形形色色的火山活动。

化山为石

经过数百年，侵蚀已经改变了地球表面的样子。侵蚀作用夷平了高山，形成了沉积岩。在下面的实验中，用水去侵蚀你自己制作的"山"。

材料：

沙子；大浅底锅；书；水；盛水的罐子；落叶；吸管；棒冰棍；直尺；不同颜色的蜡笔。

步骤：

1.先用一堆干沙子开始实验。用一根吸管向沙堆上吹气，制造"风"。沙子发生了什么变化？你能在沙堆上吹出洞吗？这就是一个风侵蚀的模型。

2.把棒冰棍分成1厘米厚的几组。用蜡笔给每组涂上颜色。放在同一高度的一组棒冰棍要涂上同一种颜色（例如，顶层那组都涂上红色）。

3.用湿润但不带水的沙子在大平底锅的一面上堆起一座"山"。在锅底部垫一本书，使锅倾斜，以便水能从"高山"上流下来。把这些棒冰棍插在不同高度的山坡上。只使顶层的小棍露出来（按需要把棍子折断）。

4.用浇水的罐子向山上均匀地喷一点儿小雨，使"雨水"直接落下，这就是水侵蚀的一种模式。那么棒冰棍怎么能显示出山被侵蚀呢？哪个地方受侵蚀的速度最快呢？那些被侵蚀的颗粒都到哪里去了呢？你可以在微缩的溪流、湖泊、峡谷和塌方处找一找。这堆沙子被侵蚀的原理与山上露天土壤被侵蚀的道理是一样的。

5.重建这座"山"。这次先让雨水迅速下落，然后再把速度放慢一些。先把水罐置于山的高处，然后把罐子靠近高山。侵蚀的性质会发生什么样的改变呢？什么时候被侵蚀的颗粒冲溅得最厉害呢？当水落到裸露的土壤上时，微小的土壤颗粒被移动，于是侵蚀就发生了。在大雨过后，你可以在墙上或花园里的蔬菜上发现溅落的泥点。

6.再建一次"山"。在山坡上放些落叶后，让"雨水"浇在山上。此时发生了什么现象？这次侵蚀不像以前那么明显了。想一想，大面积破坏植被会造成什么恶果呢？

7.变化：在户外用泥土建一座大山。把做了标记的棒冰棍插在山上。观察这座山几天，看看自然力量使它发生了什么变化。

话题：岩石的类型　土壤　地球

"侵蚀"是自然力量对岩石和土壤的磨损和使它们运动的过程。岩石被侵蚀时，它们会分解成参差不齐的小块，随着时间的推移，挤压在一起长达数年，它们就会形成一层沉积岩。"风化"——暴露于空气，风、水和面对温度的变化，是造成侵蚀的主要原因。例如，被风刮到坚硬岩石上的沙粒的作用就像用砂纸磨木头一样。暴风在几分钟之内就能刮走大量干燥的土壤。冰川——即使是在最炎热的夏日，由于其巨大的质量仍然能够移动的巨大冰块——在它们长距离地擦压岩石过程中，会造成相当大的侵蚀，水流进岩石的裂缝，也会造成侵蚀，在那里，水结冰（膨胀），融化后再次结冰（收缩并流进岩缝的更深处），使岩石的裂缝不断扩大。流动的水是最具有破坏力的侵蚀物之一。流动的水形成了河流，流动的河水侵蚀了河岸；大雨冲走土壤后，会在田间形成沟渠；流动的水甚至可以把坚硬的大块岩石分离开，造成塌方。

在一个罐子或厚壁玻璃缸子中注入1／3的水。往罐子里放入几块小的、带尖的砖头，然后封紧容器的盖子。10个人每人用力摇晃这个容器一百次之后，打开罐子，观察里面的碎片和水。用指甲刮一下容器的内壁，这时，你就应该明白侵蚀的作用了，要使砖头破碎一小块，就需要费很大的气力，由此可见，岩石变成如今土壤中的细小颗粒，是需要数千年时间的。

在暴风雨到来之前，观察一块地方，并预测在哪里会形成泥坑。在下雨时或雨后，来验证你的判断是否准确。土地坚硬或是低洼的地方容易形成泥坑。哪些泥坑在雨停之后，还继续存水？试着找一找流人泥坑的细小水流，逆着水流找一找它的源头在哪里？预测一下哪儿的泥坑会先干。当泥坑干涸之后，这块地方与先前会有什么区别？

美国的大峡谷就是由于侵蚀作用而形成的。数百万年来，科罗拉多河穿过乡村，在风和霜的协助下，冲击出许多峡谷。其中最大的就是"大峡谷"。大峡谷长达350公里，最窄处为6公里，最宽处达30公里。它的深度超过了1.5公里。地质学家可以通过考察峡谷两侧暴露的、各种颜色的岩石层来研究地球。

教你一招

峡谷风光

人们认为，大峡谷北岸风光更佳，因为它的海拔比南岸更高（近3000米），且景点分散，路途较远，游人只有南岸的1/4，每年的5—10月中开放，没有公交车和旅游车，只得自己开车去，而南岸则全年开放。

北岸穿过KAITAB国家森林，完全是北欧的森林草原风光，雨量充沛，年平均降雨量约660毫米。南岸也有片森林，但这里年均降雨量仅400毫米，所以不是北岸那种喜阴的冷杉，而是耐旱的松柏，矮矮的，匍匐在干涸的石山上。无论南北岸，视野都极为开阔，只看到大地起伏、断裂和切割。居高临下，常有种如俯瞰沙盘的错觉，很容易产生君临天下的豪情。

沙雕之美

侵蚀作用制造了大量的沙子。制作沙雕是一件非常有趣的事，它也能够帮助你理解压缩在一起的沙子是怎样形成沉积岩的。

材料：

沙子；水；盛水的容器；挖掘和支模工具（如：木棍，小铁锹，纸杯，水桶）；玉米淀粉——任选。

步骤：

1.先测试一下你选择的沙子，保证它的密度适中——不要太干或太粉，也不要太湿。用手抓一把沙子，把它捏成一个球。这个球会不会散开？

2.沙雕的内容可以多种多样（如：恐龙，甲虫，鳄鱼，骆驼，狗，青蛙，河马，美人鱼，海马，鲨鱼，蜗牛，海龟，鲸，花，金字塔，城堡或其他建筑物，运河，高速公路，地形图）。雕的时候把像做得大一些，这样就可以雕刻一些细小的部位。

3.下面是做沙雕时可遵循的很好的步骤：安排雕像的长度；勾勒出大体轮廓；制出基本形状或立体图形；把它拍实，把表面修整光滑；深入刻画；把雕像从底部切开，使雕像和沙子分开。在这里，雕刻画像的意思是指按照设计把沙子堆起来；制作立体雕像用的方法是把沙子切割下来，成为浮雕。

4.在你雕刻其他部分时，已经完成的部分可能会变得干透了。这种情况在雕刻沙雕时时常会发生。解决的办法是不时地往沙子上喷些水，使沙子保持湿润（不要往沙子上泼水，因为这样会破坏雕塑）。

5.在雕像的某些部位粘上少量的湿沙子，用来表现雕像的某些特征（如青蛙凸出的眼睛）。

6.尤其是在建造城堡的墙时，"按压"的办法会很管用。这时也要用湿沙子，但是不要湿得像往雕像上粘的沙子那样。用你的双手把沙子制造成各种形状的作品，当你建造狭窄的山脉时，在两手之间轻轻地按沙子，先按一面，然后再按压另一面。

7."滴漏"是使沙子堆积起来的一种办法，使用这种办法时，你得用去大量的水，手中握住一把用水浸泡过的沙子，把手高高抬起，举到施工地点；然后把手指分开，上下移动胳臂，使沙子从指缝中间滴漏下去。抬高手臂时会形成高、窄的山峰，放低手臂时则会形成低厚的山峰。

8.都有哪些因素会影响你所制造的沙雕的大小和高度？细小的沙粒是不是比粗大的沙粒更容易粘在一起？是多放水还是少放水更容易使沙子粘在一块？

9.扩展活动：小沙雕可以作为很好的礼物送人。把两部分沙子一半用水搅拌，另一半用玉米淀粉搅拌，加热并搅拌这种混合物，直至它变得黏稠为止。当它冷却后，再用手把它制成一个小塑像，最后小雕像会干燥、硬化。

话题：岩石分类　土壤

　　基本上有三种细小的岩石颗粒：沙子、淤泥和黏土，每种颗粒在日常生活中和专业术语上有不同的所指。人们通常把海滩上的所有颗粒都叫作沙子。而从专业术语角度上讲，沙子是指直径在 0.05 毫米到 2.0 毫米之间的沙粒。人们把河口的颗粒叫作淤泥，而专业术语中的淤泥是指直径在 0.002 毫米到 0.05 毫米之间的微小颗粒，人们脑海中的黏土是指那些粘滑的灰暗色泥团。在术语中，黏土被定义为直径小于 0.002 毫米的任何颗粒。有些颗粒小得连普通的显微镜都看不到。那些直径大于 200 毫米的颗粒被叫作沙砾或石头。

三明治与地质学

在一些建筑工地，你可以看见一个地下岩层的横截面。做一个三明治，用它来研究自然力量是怎样形成岩层的。

材料：

白、黑的麦片；黑面包（切下所有的面包皮）；果酱；花生油；葡萄干；盘子；刀；勺子。

步骤：

1.用一个空盘子代替火成岩。

2.假设有一条小河流过岩床，白沙子——取自被河水侵蚀的岩石——被带进河里。在河水流得很慢的地方，沙子沉在河底。经过许多年，沙子被挤压并且黏合在一起，形成白色的砂石。放下一片白面包代表砂石。

3.有一年发了一次洪水，数以吨计的泥土和土块被山岩所席卷，在白面包上涂上一层厚厚的花生酱来代替泥土和石块，扔上几块葡萄干作为大圆石。这些大圆石已被卷入奔流的水中。泥、石块和大圆石的混合物变成的沉积岩层被叫作砾岩。

4.随着时间的推移，水流慢下来，水中携带了少量的石块，这被叫作淤泥。淤泥积聚并且形成另一个岩层。经过许多年后，淤泥转变成页岩。一片黑面包就是页岩。

5.大约在这个时代，冰河期结束了。冰川开始融化。海洋升起，覆盖了已经存在的岩层。后来，在咸水中存活的生物死掉，它们的壳和尸体分散在海底。又经过许多年，这和含钙丰富的岩层变成了石灰石，在黑面包上涂一层厚果酱代表石灰石。

6.最后假设遇到了一个干旱季节，强风卷起被侵蚀的岩石的颗粒，这些颗粒绕着山腰旋转，形成一层黑沙。过了许多年后，这层黑沙变成了黑砂石。用一片黑麦面包代表黑砂石，以完成你的三明治的制作。

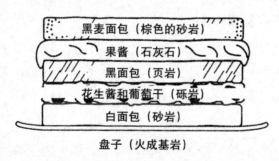

盘子（火成基岩）

7.再次观察你的三明治的每一个部分都代表了什么（把白面包放在底层）？三明治最老的部分是哪层？为什么呢？三明治的中间部分比最先前的哪些部分年代近些还是远些呢？为什么？地理学家是如何告诉我们岩层的年龄呢？

8.研究岩石的地理学家很少发现岩层。岩层经常是弯曲的或是断裂的。把三明治弯成一座山和一个山谷，观察层面是怎么弯曲的。

9.咀嚼一下你在地质上的创造。

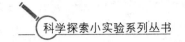
话题：岩石的类型　地球

经过许多年，沉积物聚集在一起形成了沉积岩层。"复合法则"认为：总的看来，在岩石最高层形成以前，在下面的岩层一定已经形成了。然而，在地壳中任何连续的岩层中，某一层要比它上面的一层老，要比下面的一层新。例如，熔岩可以覆盖一座火山附近的区域，冷却后形成火成岩。然后被一层沉积岩覆盖，沉积岩要比火成岩新。然而，在这方面的说明也有例外。岩浆也许不是由火山喷发出来的，相反，它是由地壳中存在的岩石中挤压火成岩而形成的，岩浆冷却后形成比上面一层更新的岩层。

教你一招

地质学

地质学是关于地球的物质组成、内部构造、外部特征、各层圈之间的相互作用和演变历史的知识体系。随着社会生产力的发展，人类活动对地球的影响越来越大，地质环境对人类的制约作用也越来越明显。如何合理有效地利用地球资源、维护人类生存的环境，已成为当今世界所共同关注的问题。

赝造化石

通过对不同岩层化石的研究，科学家们已经对地球上数百万年前的生命有了一定了解，下面就做一做你自己的化石。

材料：

泥或者水泥和沙子；水；蛋糕盘或浅的容器；用来混合的容器；匙；可以做化石的物体（如贝壳，叶子，骨头，石块）；石油胶（如凡士林）。

步骤：

1.第一种办法：从干涸的泥潭中收集一些泥，把一个大平底锅填满。往锅里倒入一些水，用石油胶在要被"化石化"的物体表面涂一层，小心地把这些物体搅到泥中（要使树叶保持水平）。向下把泥按紧，然后把锅放在一个温暖、干燥的地方（如太阳下）。等泥土变硬后，小心地把泥块打碎，找到它里面的"化石"，试着找到所有遗留的痕迹。一个物体能制成多少种"化石"。

2.第二种办法：把一层约2厘米厚的沙子放在平底锅里面。在每件要被"化石化"的物体表面涂一层石油胶，把这些物体放在沙子上，把等量的沙子和水泥混合在一起，加入足量的水，使水泥稀到可以浇灌的程度。把水泥平铺在沙子上，厚度为4厘米，然后把干底锅放到一个温暖、干燥的地方。等水泥硬化后，把平底锅翻过来，小心地除掉上面的沙子，你就可以观察"化石"了。

3.扩展活动：仔细观察泥潭或沙滩，寻找正在形成过程中的"化石"。死鱼、昆虫、叶子或是鸟的爪印变成化石的概率有多少呢？如果不变成化石，它们通常又会怎么样呢？

话题：岩石的类型　资源

"化石"是埋藏在地壳中（通常在石灰石、页岩和砂岩等沉积岩中），于早期地质年代形成的带有动植物遗迹的石块。化石有三种基本形式：真正的动植物遗骸、石化（变成岩石）的标本、印痕。整个动植物的残骸很难被完整地保留下来，通常是那些像骨头、牙齿或是壳等不能马上被分解的部分变成了化石。这些残骸被保存下来的一个主要因素是它们很快就被某种保护材料包了起来，例如，海洋动物通常能被保存下来的原因是在它们死后不久，尸体就会沉入洋底，被松软的泥沙所掩埋。石化的标本是指那些体内的有机质部分或全部被地球上的矿物质替换的化石。大多数化石都是被矿化了的。例如：没有恐龙的骨头仍是原来的"骨头"，这些骨头却是被矿化了的化石。印痕事实上是另一类被矿化了的化石，死亡的动植物把它们的轮廓印在泥土中，后来印上的轮廓硬化，就形成了印痕。如果印上的轮廓被矿物质所填充，就会形成化石。化石的形成需要数千年。

化石可以帮助我们重塑过去的生命，通过对连续的岩层的研究，科学家们认为高大、复杂的动植物却是由最初微小、简单的动植物发展演变而成的。通过研究化石，可以了解到不同地点的岩石在形成时间上的区别（同种动物可能在不同区域变成化石）。化石也能揭示出古代陆地和海洋的位置以及它们的变化过程。例如；在格陵兰发现的灰白水龙骨（一种高大如树的蕨类植物）化石，说明那里的气候曾经相当温热。在珠穆朗玛峰（世界最高峰）上发现的海底生物化石表明那里曾经处在海下。最后，化石也是煤炭、石油、石灰和建筑用石等自然资源的来源。

当时空遇见穿越

　　科学家们根据以岩层、化石和其他可以推算时间的方法上获得的信息，形成了关于地球历史的理论。在下面的活动中，你要从地质学的时间线上走过。

材料：

卷尺；钢笔；线绳和标桩（或其他可以做标记的东西）；索引卡片。

步骤：

1.量出46米远的距离，来代表地球的大致年龄——46亿岁。

2.用线绳和标桩把这46米分开，代表地球的历史。在关键的部分用索引卡片标出发生重大事件的时间、距离和事件。下面是一些重大事件、距离和日期（大约多少年前）：

- ·46亿（46米）——地球形成。

- ·39亿（39米）——今天发现的最古老的岩石形成。

- ·34亿（34米）——地球上出现生命。

- ·5亿（5米）——硬体（如壳，骨）动物出现。

- ·3亿5千万（3.5米）——昆虫出现。

- ·3亿（3米）——煤炭开始形成。

·2亿（2米）——恐龙出现。

·1亿9千万（1.9米）——单块的大面积陆地开始分裂成各个大陆。

·1亿3千万（1.3米）——开花植物出现。

·6千500万（65厘米）——恐龙灭绝北美洛基山脉开始形成。

·6千万（60厘米）——现代植物和鸟类出现。

·30万（3毫米）——人类出现。

·4万（0.4毫米）——现代人类出现。

·6千（0.06毫米）——有记载的历史开始（古埃及）。

·2千（0.02毫米）——现代公元纪年开始。

·100年（0.001毫米）——工业革命开始，人类开始急剧地改变环境。

3.沿着这条时间线走，在做标记处停下来阅读索引卡片。你觉得穿越地球的历史有趣吗？从时间线上走过之后，你对某些事件是不是产生了与以前不同的认识。

话题：地球　测量

通过对岩层的顺序和组成进行仔细的考察，地质学家们从理论上推断出地球的年龄大约有46亿岁，这么长的时间真是令人难以想象。假设地球是在12小时之前诞生的。我们今天所了解到的使地球变成今天这个样子的大多数重大事件都是在过去的4亿年，或者是前一个小时内发生的。现代人类已经在地球生存4万年了，或者说是刚过去的半秒。地质学上46亿年的时间被划分成5个主要的"代"：无生代，前寒武纪（最早的生命）、古生代、中生代和新生代（距今最近）。这个时间计量单位然后又被分成"纪"和"世"。

地质学家们利用一种叫作"放射确定年代法"的技术来测定岩石的年龄。许多岩石里面都含有随着时间推移而以某种形式发生变化的放射物质（如铀）。通过了解变化的程度，科学家们就可以知道岩石的年龄，可以用下面的例子解释这种理论：假设一个罐子里刚开始时放着10块巧克力小甜饼。每天有一块巧克力小甜饼变成香草小甜饼，如果当你有一天往罐子里看时，发现了4块小甜饼，那么你就可以得知这个罐子已经放了4天。

试着用垃圾箱来研究一下地质学。

取来一个空着的大垃圾箱。在一周的时间里，人们往它里面扔废纸。有的是白纸，有的上面有笔记，还有的上面有日期。偶尔为了有趣，可以装进去一张特殊的笔记或图画。在这一周的时间里，你可能得把过高的废纸向下踩实。等到挖掘的时候，大家一层一层地仔细检查这些垃圾，用尺量出各层纸所在的位置。最新的一层在哪儿？最老的一层又在哪儿？纸层与地球的岩层相像吗？如果在一张标有日期的纸的附近找到了一张没有注明日期的纸，你能猜出没有注明日期的纸所处的年代吗？为什么标有不同日期的纸张会混在一起？是什么力量使废纸混成一团（踩踩、倾倒、拨动）？

察觉不到的大陆漂移

岩石的形成和化石表明大陆曾经是连在一起的一大块陆地。把一个活动的小册子订在一起，来看看各个大陆是怎样形成的。

材料： P086—088的图页，每页3份；订书器。

步骤：

1.一个活动的小册子是由下面几页的图框组成的。每个图框复制三份。你得多用几份复制的图页，这样你在翻这个小册子的时候，你的眼睛才能看准每个图框里的图。

2.把每个图框都剪下来。把这些图框按照最近的时间在底部的顺序，由下至上排成一摞。把相同的图框挨着放在一起。沿左边把这些图框订在一起，就做成了一个活动的小册子。

3.当你快速翻动这些图页时，能看到什么样的画面？在经过一些练习之后，你就会看到一大块陆地分裂成几个大陆的像。这些大陆是怎样形成的呢？翻动小册子时，眼睛盯住一块陆地不放，例如：看印度是怎么从南极边上向上移动的。

4.扩展活动：使用另外一组图片。把每个画框剪下来，把日期涂黑，然后把这些图框混在一起。你能把这些图框按照正确的顺序排列好，展示出如今的大陆是如何形成的吗？

话题：地球 制图

看一下世界地图。你发现非洲突出的部分正好与加勒比海的形状一样了吗？在20世纪初期，德国气象学家艾尔弗雷德·韦格纳根据所有的大陆似乎可以像拼图游戏一样拼在一起这一事实，提出了自己的理论。他的理论认为所有的大陆原来都是联在一块的。有许多科学的证据可以支持这一观点。纽芬兰和加拿大的岩石与苏格兰和斯堪的那维亚岩石的种类和年龄都是一样的。在非洲和南美洲也发现了类似的动物和植物的化石。从某一时期开始，这一大块陆地开始分裂，分裂出来的各个板块又相互漂开，过了数百万年，就形成了我们今天所见到的六大主要陆地。

在20世纪60年代，以加拿大地球物理学家图泽·威尔逊为代表的科学家建立了"板块构造"学说，用来解释大陆漂移理论。板块构造学说认为地球的整个表面分成了数个约70公里厚、数千公里长和宽的巨大岩石板块。科学家们在确认板块的具体数字上面存在着分歧。目前已经发现了6个大板块和几个小板块。岩石升起的地方形成了陆地，下陷成盆地的地方形成了海洋。这些巨大的板块就像在地幔上漂浮的拥挤的船只一样。到了大约2亿年前，这些板块似乎挤到了一起，在今天大西洋的位置形成了一个超大的大陆。板块一直在运动，它从彼此上面或下面滑过，甚至会互相撞击。它们以缓慢的速度移动，移动的距离也很短（每年2.5—5厘米）。当两个板块差错开时，它们中间会留下一个裂缝。地幔中的岩浆会从这个裂缝渗出，形成一大串的火山。有时，两个板块会剐撞在一起，在板块相交处，压力不断增大，直到最后释放出去。压力释放时人们就会感觉到地震。板块也可能相互向上推动，使陆地爬升成为山脉。不过，这通常是一个缓慢的过程。喜马拉雅山早在2500万年前，就开始形成了。

教你一招

大陆漂移说的提出

1620年英国人弗兰西斯·培根在他提出了西半球曾经与欧洲和非洲连接的可能性。1668年法国R.P.F.普拉赛认为在大洪水以前，美洲与地球的其他部分不是分开的。到19世纪末，奥地利地质学家修斯E. Suess注意到南半球各大陆上的岩层非常一致，因而将它们拟合成一个单一大陆，称之为冈瓦纳古陆。1912年阿尔弗雷德·魏格纳正式提出了大陆漂移学说，并在1915年发表的《海陆的起源》一书中作了论证。由于不能更好地解释漂移的机制问题，当时曾受到地球物理学家的反对。在20世纪50年代中期至60年代，随着古地磁与地震学、宇航观测的发展，使一度沉寂的大陆漂移说获得了新生，并为板块构造学的发展奠定了基础。

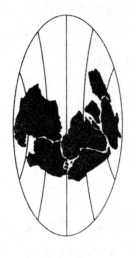

2亿年前

1亿6000万年前

2亿2500年前

1亿8000万年前

1亿1000千万年前

6500万年前

1亿3500万年前

8500万年前

3500万年前

现　在

5000万年前

2000万年前

让人胆寒的振动与摇晃

地壳表面的压力不断增加，其结果可能是发生地震。下面考察一下地震中的震动。

材料： 弹簧；大约3米长的绳子；乒乓球；高尔夫球；水容器。

步骤：

1.板块压力：举起你的双手，让手掌面向你，尽可能地用力把手边缘压在一起，这就像两个互相碰撞的地球板块。仍旧用力地压着，尽力将一只手在另一只手上面滑动，你感觉到移动一只手有多难吗？继续让一只手沿着另一只手滑动直到突然间冲破阻力，获得自由。你感到突然间爆发的能量了吗？当一个巨大的地球板块冲破阻力时，能量的爆发引起了地震。

2.初级波：两人各持弹簧的一端，伸展这个弹簧。现在，每个都应在他（她）的那一端数出大约20个圈并且把这些圈压在一起，让这些圈松开，但仍旧把着弹簧的末端。观察弹簧的前后摧拉运动。这就像一个初级波通过地球的运动。

3.中级波：一个人拿着绳子的一端，另一个人拿着绳子的另一端。摇动这个绳子。这就像初级波后到达的中级波运动。

4.震波通过液体：手中拿一个高尔夫球和一个乒乓球放在水容器垂直上方30厘米左右。当你把高尔夫球扔入水中时，发生了什么情况？当你把乒乓球扔入水中时，又发生了什么情况？高尔夫球穿透水，就像初级波一样。漂流在水上的乒乓球像中级波，它不穿透液体。

5.震波通过固体：把一个高尔夫球扔在桌子上。它反弹起多少次？扔一个乒乓球，它弹起多少次？高尔夫球像初级波一样，它穿透得深并失去大量的能量（当高尔夫球落在桌子上时，感觉到桌子震动）。乒乓球像中级波，也不能穿透那么深。

话题：地球

"地震"是地表的震动。大的地震通常开始有些轻微的颤动，然后快速地发展为一个或更多的震动并且伴随着几个不太严重的余震。地震发生在断层——地壳的裂缝。地壳被分裂成巨大的岩石板块。有时，两个板块刮在一起并且一个被另一个压住。直到板块快速地转到一个新位置前压力逐渐变大。压力的释放引起了我们觉得像地震的震动。在地球深处的地震源头被叫作"震源"，在震源正上方的地表的这点是震中。地震有两种类型，震动或地震波。地震波沿着地表运动，通常会产生最强烈的震动，并且在震中附近引起了大规模的毁坏。主体波移动得更快，它通常通过地球从震源到地表的远距点运动。最初的（压缩的）主体波最先到达地表。它们能通过地球所有的层，它们的速度在不同的岩石层间各不相同，并且岩石粒子跟震波按同一方向来回运动。中级波穿过的速度是初级波的一半，并在初级波后到达地表，中级波不能通过地球的液体层。岩石粒子运动的方向与震波的运动方向成直角。

地震学家通过估计用震源释放的能量来测量地震的强度。地震波是由精密的仪器"地动仪"探测、记录和测量的。在1935年，查尔斯·瑞切斯特，一个美国的地震学家，为测量地震的大小研制了地动仪。例如，在地动仪上一个大约7级的地震——像1989年加利福尼亚的地震——是相当猛烈的。在1989年的地震虽然只持续了15秒但却造成了数以百万计美元的损失。世界上的地震大多数发生在"火山圈"：它包括构成南北美的太平洋沿岸地带、阿拉斯加的阿留申群岛、日本、印度尼西亚和新西兰。每年要发生一百多万次地震，不过大多数很难被感觉到。

小岩石大作用

我们的生活依靠地球的极薄的那一层——土壤，下面取一个土壤样本去研究一下地下的土壤层。

材料： 放大镜；铁锹；白纸；测量用的卷尺和胶水。

步骤：

1. 找一块天然的土地，在那里取一块土壤样本（也许你能找到一个河岸，那里的土壤已经暴露了出来）。

2. 观察一下地面上的落叶层，使用一个放大镜去检查一下落叶，这些落叶就是你找到组成落叶层的树叶。你看见长长的像绳子似的白色的线了吗？还是看到了一些相互缠绕的线了？这些就是霉菌。细菌和霉菌帮助树叶分解包含在叶中的营养，然后回归到土壤当中。

3. 控制一个30—60厘米深的小洞，直上直下地挖这个洞的一面，倾斜地挖另一面，为了实验方便，把陡峭的那一片刮成光滑的表面。

4. 你能看到多少个不同的层？每一层都是什么颜色的？每层的岩石粒子有多大？哪一层包含了最重要的有机物？

5. 测量一下每一层的高度，哪层最厚？为什么？

6. 从每一层取一小把土壤，用力挤压并把它捏成一个球，在你的两指之间尽力把它搓成带状物，土壤中的粒子越细，它就越容易被捏成带状。

7.土壤的表层看、闻、感觉起来和深处各层的土壤一样吗？

8.做一个土壤样本实验的长期记录，沿着一页白纸的中间纵长地折叠，沿着这个扩痕涂上一道宽而厚的胶水，把从每一层取来的土壤放在胶水上，使在纸上的土壤层与地下的土壤层的顺序一致。让胶水变干。轻轻地把疏松的土壤从纸上摇走，最后把每一层用标签标上。

9.在你做完实验后，用土把这个洞封上。

10.扩展：把这个土壤样本与不同地点的土壤进行比较（如野地、森林、河岸边）。

话题：土壤　地球　资源

优质的土壤——包含均衡的空气、水分和营养——是植物生命所需要的。我们生存需要植物帮忙，土壤是岩石循环的一部分，岩浆从地壳深层涌上并且变硬形成岩石。岩石被腐蚀、磨损，最后，它变为碎片，被雨水、河流小溪冲进海洋。土壤是岩石循环中呈粉末状的岩石部分，但是土壤不只是岩石的碎片，肥沃的土壤也是由丰富的有机物质组成的。观察一下地下不同的土壤层或层位，对于我们理解构成土壤的成分是有帮助的。地表层通常是自然的落叶层，叶子从树上落下并在地面上腐烂，它们最后形成腐殖质，在落叶层下面是一种黑色有黏性的营养性质。在落叶层下面是表土层，通常是黑色的而且易碎，表土层是土壤中最肥沃的部分，它的厚度大约是从几厘米到超过

1米。在表土层下面是一个浅褐色的压层，下土层不像表土层那样有生产力，因为下土层包含着较少的水分和有机的营养物质，而这些恰恰是提供植物生存所需的。在下土层下面是几厘米厚部分塌陷的岩石，这些岩石不是来自下面更紧密的母体岩石层，母体岩石层（如此命名是因为它塌落增加到上面的层位）通常是灰褐色的。

虽然世界上许多地区都能维持植物的生长，但是有利于种植庄稼的表皮层仅占地球表面积的8%，自然需要数以万年才能形成几厘米厚的表土层，腐蚀能很快地把它破坏掉。在农业开始之前，一年能腐蚀大约8亿吨表土层的土壤，慢得足可以被岩石循环所补充。到20世纪80年代，腐蚀被估计达到23亿吨，暴露的土壤比被植被所覆盖的土壤腐蚀得更快。植物用它们较好的像网络的根和像伞的叶子帮助稳固水壤，根和叶能抵抗风雨和强光，因此许多农民即使不在田地上种植庄稼，也不让用地光秃秃的，他们通过种植一些草来稳固土壤。

土壤取样连连看

岩石粒子和有机物的不同混合物能形成不同类型的土壤，比较一下不同类型的土壤的特点。

材料：

泥铲；装土壤样本的小容器；几页纸或报纸；水；小罐子；锤子和钉子；量杯；秒表；带盖的小坛子；纸；铅笔；烘箱——任选。

步骤：

1. 从不同的地方采取土壤样（如灌木下、田野里、小径上、湖畔）。一个标准的样木大约为三四把，如果你发现一些腐烂的地表植被（如树叶）请把它拿走，记录下你在哪里采集的样本、每一个地方的环境情况（如大量的水和阳光）？在每一个地方生长什么类型的植物？你在那能发现什么类型的动物？

2. 把每一种样本分别放在不同的纸或报纸上，使用下面的步骤对每种样本做下记录。

3. 概貌：土壤看起来像什么？粒子的体积大小（分离的粒子能被看见）：大、中、微小？你看见一些石粒吗？这些可能表明采集到的是种沙质的土壤还是多岩的土壤，你看见腐烂的物质、根或小动物了吗？如果有这些东西表明采集到的是肥沃的土壤。

4.颜色：土壤是浅的、中的或是深颜色的？深颜色的土壤可能表明是肥沃的土壤。

5.气味：土壤是什么味的？无味、恶臭、泥土味或松树味？土壤中腐殖质的数量会影响土壤的气味，常常大量的腐殖质形成了泥土的气息。

6.结构：调查土壤的结构，把一点土壤润湿后，在两指之间摩擦，土壤是由沙子构成的吗？沙质的土壤感觉多光且粗糙，土壤紧紧地粘成块吗？黏土感觉起来是黏黏的并有可塑性，用它可制成一个光滑的连续的涂抹物。土壤是主要由落叶和其他有机物质构成的吗？肥沃的土壤感觉起来是含沙的，你也可以把它轻轻地敷在手指上，但当你搓它的时候，它不含黏土一样会变成细末，而且先变得粗糙然后再散成粉末。

7.空间：粒子之间的空间可使水非常容易地在土壤中滚动并且可使土壤保持更多的水分，测试一下土壤样本的"水的渗透力"，即看一看水通过土壤需要多长时间，把一个罐子的顶部拿掉，用锤子在底部打6个洞，放入半罐土，水平地握住罐子，往里倒入一定量的水（如200毫升）。记录一下从倒水的那一刻到水滴从罐子底部滴出时的时间，水通过土壤样本的流速有多快？水渗出所需的时间越长，土壤的吸水能力越强（注：你不可能获得一个完全准确的估计，因为土壤原来可能就很湿，所以不可能保持更多的水分，如果可能的话，把干土放在微波炉中在中等温度上加热大约15分钟。）

8.分离土壤：什么构成不同的土壤样本的颗粒？有哪几种？把一个罐坛子的3／4注入水，加足够一种土壤样本，使水面升到与坛口平齐。把坛子盖盖好后用力摇晃，然后把坛子放在一个水面上，在几个小时内不准移动它，当把盖子打开时，你会发现分出了不同的层，最重颗粒将先下沉，停止摇晃后，沙粒大小的粒子几乎立刻就会下沉，形成底层淤泥粒子将在它的里面，黏土将需要两天多时间才能沉落在沙子和淤泥里面。腐殖质可能是像淤泥或黏土大的粒子也可能被部分分解的漂浮物质，不同的土壤沉淀不同，例如，一个土壤样本可能形成一个厚沙层，而别的可能形成一个薄沙层，测定一下每层和总体间的比例关系。一种土壤可能含有90%的沙子和10%的淤泥或黏土，而另一种可能含有5%的沙子和95%黏土，存在数量最大的粒子将帮你给土壤命名（如土壤中含80%黏土，就叫它黏土或以黏土为主的土壤）。

9.比较一下不同的土壤样本的记录，哪几种土壤最相像？哪些区别最大？每一种样本的主要成分是什么？哪些土壤最适合植物生长和动物生存？

　　另做一个自己的土壤样本，用一个小塑料袋去收集一些材料。例如：树叶、水、沙、苔藓、种子、地衣、腐烂的木材和一把死的植物。压烂并且把所有的物质混合在一起，把你做的土壤样本和地面上的土壤进行比较，你是一个制作土壤的能手吗？在气味、颜色和组成结构方面。你制作的土壤和地面上的土壤有什么不同？

话题：土壤　资源

总体来说，土壤的一半是空气和水分（动植物生存所必需的），另一半是一再循环的有机物（真菌、霉菌、细菌和蚯蚓）、无机物（岩石）、粒子和腐殖质（黑色或深色的物质由腐烂的树叶、树木和动物组成的）。在土壤中的岩石粒子决定着土壤粒子的大小、结构和酸碱度。粒子是腐蚀的结果，它们的变化依靠着母体物质，它们恰恰是从母体物质腐蚀出来的（如砂石、花岗岩）。腐殖质在土壤中相当重要，它帮助土壤保持水分，提高空气循环，使土壤更易于植物生长，促进有机物再循环的继续存在和繁殖，并帮助贮存植物的食物。在有机物再循环分解中腐殖质的组成物是独立的，腐殖质的变化是以它分解的不同物质种类为基础的（如落叶树形成一种与常青针叶树不同类型的腐殖质）。

腐殖质和岩石粒子按不同比例混合在一起形成不同类型的土壤，有三种基本的岩石粒子：从最大到最小，它们是沙、淤泥和黏土。在土壤中占优势的岩石粒子决定着土壤的名字和特性，例如，淤泥土壤包含80％或更多的淤泥和少于12％的黏土，黏土的土壤有利于保持更多的水分、黏土粒子也常常粘在一起形成一个大的土块，空气和植物的根都不能穿过它，有许多沙的土壤有利于更好的排水，并有利于植物生长在沙粒之间相联系的空间，意味着在土壤中有大量空气，但是沙子不包含植物成长所需的营养。一种普通土壤的名字叫"土壤土"，在一般情况下，这个词指的是一片丰富的黑色的肥沃的、包含相当丰富的腐殖质的土壤。从术语上来讲，包含相同数量的淤泥黏土和沙子的土壤土不一定肥沃。如果你知道土壤中有什么，通常能很好地猜测出它能维持生存的动植物有哪些，提高土壤的肥力的一个途径就是在土壤中增加人畜的粪肥或各种混合肥料。

你所不知的磐石

土壤有时会硬而紧密得令人难以置信，这将会影响它对水分的吸收这一重要能力。下面使用两个样本试验去探测一下土壤的紧密度。

材料：

长而尖的铅笔或者带杆的木钉（一端尖）；大约25厘米长测量用的卷尺；盖和底能移动的大罐子；水量杯；秒表；纸；铅笔；锤子——任选。

步骤：

1.选一小块土壤去做实验。

2.测量木钉（铅笔）的准确长度，用手掌推木钉的顶端，把木钉的尖端推进土地，当你的手掌感觉不舒服的时候，请停止推动（注释：为了确保数值准确，当你重复这个试验时请准确地记住，当你不推的时候，手顶着木钉的感觉是什么样的）。另一种办法就是用一个锤子均匀地敲打这个木钉15下。

3.测量出木钉伸出地面的长度，从木钉的总长中减去这个长度就是木钉容易被砸到地下的长度，总的来说，木钉进去的越深，土壤的密实越小。

4.把木钉钉进旁边不同点的土壤至少三次，然后计算出一个平均的深度。

5.把一个底和盖可移的罐子旋进土壤里，深度大约是5厘米，不要在你钉钉子的地方放这个罐子。

6.把一定量的水倒进这个罐子（如100—500毫升），记录一下所有的水全部被吸收的时间。它花费的时间越长，土壤吸收水分的能力越差，土壤的密实度是水分吸收的唯一因素吗？

7.扩展活动：比较一下不同地方土壤的密实度（如：草地、野地、森林、小径）。总的来说，越密的土壤越不利于吸收水分吗？你发现哪的土壤最密实？非常密实的土壤表面的植被像什么？哪的土壤似乎最密实？或最不密实？为什么？当土壤潮湿或干燥的时候，它可能密实吗？表土层的土壤的密实度不同于下土层吗？水平地面上的土壤的密实度不同于斜坡上的吗？在池塘附近的土壤保持水分，与别的地方相似的土壤一样吗？

话题：土壤　测量　生态系统

　　土壤的组成使土壤有一定的特性，然而，一些土壤的特征，例如密实度受环境的影响多于自身的构成。坚硬和松软的土壤之间最主要的区别就是粒子的空间大小不同，硬一点的土壤，粒子之间的空间小，土壤显得密实。一定的密实度能帮助土壤保持水分和防止腐蚀，然而，如果土壤变得太密实，就容易失去水分，并且不利于维持动植物的生活。人类也可能造成土壤过于密实。人类踩出的自然小径就是一个非常好的人类造成土壤密实的例子，人类造成的土壤过度密实可能引出一些问题，当建筑物、高速公路或其他的稳固的覆盖物建立在土地上时，土壤中粒子之间的空间缩小，水和空气含量下降，致使生物体将无法在这块土壤中继续生存下去。

星体的奥秘

"行星学"是一门新的科学领域，它把人们对地球和宇宙空间的研究结合了起来。行星学家们一直在试图寻找为什么地球与其他行星有这个大区别的解释。为什么只有我们拥有温和的气候？为什么我们是唯一水覆盖面如此大的行星？为什么我们是整个太阳系中唯一生命之星（据我们所知)？

在我们的太阳系中有一颗恒星——太阳，太阳的直径为1 392000公里，相当于107个地球排成一行。太阳几乎完全是由氢气和氦气组成的，太阳表面湿度高达6000摄氏度，太阳核心处的温度至少有1000万摄氏度！

许多有关太空的科幻片中最令人兴奋的部分就是飞船之间激烈的战斗。有趣的是，每次当你看见一道明亮的闪光时，你也会听见爆炸声。从科学意义上说，这是不准确的。宇宙空间是一个没有空气的真空。声音无法在真空中传播，所以爆炸应该是无声的。

一颗恒星的典型寿命为100亿年！

在1969年7月20日，美国人尼尔·阿姆斯特朗第一个登上了月球。他的名言是："对于一个人来说只是一小步，而对整个人类来说则是巨大的飞跃。"

如今，科学家们不再像以往那样确信宇宙中还存在着人类外其他的生命。如果宇宙中还存在其他高度文明，我们为什么还不能与他们接触上呢？目前还没有被广泛接受的证据说明来自其他星球的生命正在或曾经到访过地球。计算机模拟显示位于银河系中心的高科技文明，即使它只在每个星球逗留1000年的时间，那么走遍整个银河系都需要550万年的时间，这就相当于眨一下眼睛的时间和银河系的年龄对比起来一样。外星人究竟在哪儿呢？

拿球做什么？

我们所在的太阳系中共有9颗行星，其中包括地球。用几个球结合一些肢体活动，对这些行星进行一番探索。

材料：

一个较大的，直径为2至3米的气球（作太阳）；两个弹珠（代表水星、冥王星）；两个网球（金星、地球）；乒乓球（火星）；一个篮球（木星）；两个垒球（天王星、海王星）；绳子；当作标记的小木棍儿。

（注意：若不用球，也可用按球的大小裁出的硬纸板来代替；

卷尺——任选卷尺；贴到小木棍儿上的行星名签。）

步骤：

1.介绍一下各行星的有关背景知识。

2.一人扮作"太阳"，拿着大气球，其余9人是"行星"，分别拿着各自的球。通过上抛这些球，来认识一下各行星。哪些行星的大小差不多？哪个行星最小？哪个最大？一只手能否握住两个或两个以上的水星？能否握住两个或两个以上的木星？将所有的球混在一起。看看大家能否给每个行星抛回相应的球。

3.以太阳为点，引出一条线，各行星及他们各自的球都站在线上相应的位置上；水星4步远；金星7步远；地球10步远；火星15步远；木星52步远；土星95步远；天王星190步远；海王星301步远；冥王星395步远（平均的轨道的距离）。用小木棍儿给每个行星的位置都做一个标记。

注意：我们可以通过将小数点向左挪一步来在小范围内完成这一步骤。这样做同样能使我们以"天文单位"为标准，了解距太阳的大概距离（如：水星的4步变成0.4步或0.4个天文单位；天王星的191步变成19.1步或19.1个天文单位）。

4.大家把球留在相应的标记处，在太阳那里集合。以等大匀速的步伐从太阳处走到或跑到冥王星处。注意一下，经过前六个行星，你用了多久？例如：一个人从地球到火星能否比另一个人（以相同的步伐）从海王星到冥王星快？比较一下各行星间的距离。

5.现在各行星回到各自的标记处，试着围绕太阳以逆时针方向按轨道转动（真正的轨道不是正圆形的，但接近于圆形）。所有的人应该同时，并以均等的步伐绕太阳运动。为什么有些轨道花的时间长？

6.如果还有人，可以让他们扮作卫星。行星围绕太阳转时，卫星可以同时围绕各自的行星转（行星和卫星都有一个穿过核心的轴，但在这里，我们可以把这些简化）。是否有人与别人相撞？在实际的行星运动中，这是不会发生的。

7.下面还可以试一下精确的展示轨道的方法。例如：取两条绳，将一端系在太阳的小木棍儿上。将一条绳从太阳延伸到地球处，而另一条从太阳到木星，然后地球和木星围太阳绕一周。地球和木星同时开始运动，并牵紧绳子，但地球运动的速度是木星的两倍（离太阳较近的行星），除了环绕一周的距离较短，且运动速度也比较远的行星要快。木星所花的时间是否是地球的12倍（木星上的一年是地球的12倍）？可以在其他行星上重复这个实验。

话题：行星　地球　测量

"太阳系"是由太阳和其他物体组成的——7个行星及他们的卫星（火星与木星之间成千上万的小行星）、流星、成千上万的彗星，围绕着太阳的尘埃颗粒和气体。9个行星，每个都绕穿过中心的轴旋转，同时又以逆时针方向绕太阳运动。一个行星绕轴旋转一周所花的时间是该行星上的"一天"。一个行星绕太阳旋转一周所花的时间是该行星上的"一年"。行星离太阳越远，它的"一年"时间就越长。行星距太阳的远近对其气候和大气也有影响，行星距太阳的远近，以及行星之间的远近是变化着的，没有个确定数字，因为行星沿椭圆形轨道运动，这就造成他们在某些时间，某些地点相距很近。天文学家所采用的距离单位之一是"天文单位"。一个天文单位（AU）相当于地球与太阳之间的平均距离，大约150000000公里。

教你一招

彗星

彗星是星际间物质，是太阳系中小天体之一类，英文是Comet,

是由希腊文演变而来的，意思是"尾巴"或"毛发"，也有"长发星"的含义。而中文的"彗"字，则是"扫帚"的意思。在《天文略论》这本书中写道：彗星为怪异之星，有首有尾。当彗星靠近太阳时即为可见。太阳的热使彗星物质蒸发，在冰核周围形成朦胧的彗发和一条稀薄物质流构成的彗尾。由于太阳风的压力，彗尾总是指向背离太阳的方向。

行星表演秀

行星都是什么样的？金星和木星有什么区别？就让这些行星在下面这个关于太阳系的表演中介绍一下自己吧！

材料： 剧本；你想使用的任何道具和戏装。

步骤：

1.上节提供了有关行星的背景知识。

2.用木偶或真人上演下面的戏剧。穿上戏装（如穿上与行星颜色相同的衫衬）会使观众更感兴趣，同时也能让表演者找到乐趣。

3.可以根据每组的实际人数，增加或减少戏剧中的人物，剧本中的人物有：太阳，水星，金星，地球，火星，木星，土星，天王星，海王星，冥王星和大气层。如果人数够的话，可以在演员表中加上小行星或流星体。当投票时，可以让观众举手，使他（她）们也有融入了演出之中的感觉。

话题：行星　地球　大气层

自古以来，人类一直对天体有着极为浓厚的兴趣。我们仰望天空，想象出来了各种各样的故事。我们甚至把人类的思想和特征赋予了天体。（大家都听说过月中神仙的故事！）这个表演使诸行星有了人们想象中的性格。"行星"这个词源于希腊语"planetes"，它的意思是"流浪汉"。每颗行星都是以不同的罗马或希腊神的名字命名。每颗行星都有一个不同的神话和不同的物理特征。

地球的行星——水星、金星、地球、火星和冥王星——在体积、化学成分和密度上都与地球十分相似。而木星的行星——木星、土星、天王星和海王星——的体积要大得多。它们被厚厚的气态的大气层包围着，密度较小。

人类曾经把自己当作是宇宙的中心。他们把能够在上面行走的小块陆地当作了世界的边缘。随着时间的推移，人们逐渐对地球有了整体的认识并把它当作是宇宙的中心。当人们发现地球只是在宇宙空间绕着太阳旋转的许多颗行星之一时，他（她）们感觉到了人类的渺小。后来的研究证实太阳只不过是由数十亿颗恒星组成的被称作银河系的巨大星簇中的一颗。我们所在的银河系又只是数百万个星系之一，每个星系在像海洋一样浩瀚的宇宙空间中都拥有无数颗恒星。在这个辽阔的空间中，人类只不过是沧海一粟而已。

首届太阳系年会

（场景：群星围坐成半圆形，它们边聊边等待太阳召集它们开会。）

太阳：（舞台左侧进，召集开会）群星们，现在我宣布太阳系第一届年会开始，（暂停）这次会议的目的是推进我们的外交关系。我们当中存在一些问题，现在是处理它们的时候了。下面先由各人介绍自己开始。我们中有一些住得很远，我是太阳（群星礼貌性地鼓掌），下面由离我最近的星星开始。

水星：我是水星，由罗马带翅的信使神得名。（礼貌地鼓掌）

金星：我是金星，由罗马爱神得名。（冲群星眨眼抛送飞吻，礼貌地鼓掌）

地球：我是你们今天的主人，地球。（长时间鼓掌，一或两个星起立）

火星：我是谁与你们无甚关系。

太阳：火星，你的行为已经够了！女士们先生们，这是火星，由罗马战神命名，它有时有点暴躁，并且……

水星：是的，这便是我们想要谈论的，我……

太阳：请先让其他星们作自我介绍，木星，你是下一个。（水星生气地坐下）

木星：嗨！我是木星，由罗马主神得名。（礼节性鼓掌）

土星：我是土星，由罗马农业之神得名。（礼节性鼓掌）

天王星：我是天王星，由希腊天神得名。（礼节性鼓掌）

海王星：我是海王星，由罗马海神得名。（礼节性鼓掌）

水星：那是冥王星，因希腊地狱之神而得名，我打赌在这个问题上它支持火星！我知道！

冥王星：听着，你这个小不点行星……

水星：小！你是最小的行星。你从没有给我们有关你大小的消息，但是我们都知道这个事实。你并不比我大！

太阳：够了！很明显我们存在矛盾，看起来是火星引起的。

水星、金星、地球、木星、土星、天王星、海王星：（一起点头）是！

（群星开始互相低声耳语，土星大声叫……）

土星：你们该做的就是看火星的红色就得知它是一种易怒的行星！

天王星：它用它的颜色来吸引注意，我们大多数的颜色是不显目的黄、橙、绿或蓝，火星用它所得到的一切机会炫耀自己。

木星：我想我们应该把火星踢出太阳系！它不配和我们在一起。它自己会成为一个热点！

（群星欢呼赞同）

海王星：我们投票，大家都同意吗？

（人们开始举手表决）

太阳：少安勿躁！（暂停）你们知道自己在干什么吗？太阳系的所有部分彼此依赖，如果火星离开了，我们所依赖的引力将会改变，随之我们的轨道、气温及大气都会发生巨大变化。地球，你尤其应该注意到这点，你可能会不再温暖，大气中不再有足够的氧气。

火星：（大喊）你们没看见地球才是问题所在吗！（所有的行星看火星）地球拥有一切：温暖的气温又有人类做伴，我什么也没有，我表面的平均气温是零下23℃，我猜我是……是……嫉妒！这是我想吸引更多注意力的原因。

冥王星：大家知道，我也有同样的怨言，我缺少光和热，我的表层气温是零下230℃！我太冷太黑，生命根本无法存在于我上面。我倍感孤独，周围没有生命，甚至连植物或动物都没有！

海王星、天王星、木星、土星：（同意）这是真的！我们都很冷，很孤独。

水星：（看着抱怨的行星）你们能够得到我的一些光和热，他们一点也不帮忙，你看，太阳，我得到太多的热和光，任何生物在我的表面上都足以被烤熟！

金星：我和水星有同样的问题。

除地球外的所有行星：我们能做什么呢，太阳？我们也想和地球一样有生命在我们的表面存在。

（地球尴尬地笑了笑，其他行星开始击掌或跺脚起哄）

太阳：请安静！现在我认识到大家的感觉了，但我根本上不说被责备。

所有抱怨的行星：（惊讶）那谁说呀？

太阳：一部分怪你们自己。

所有抱怨的行星：（彼此交换了意见，说给太阳听）你说什么呢？没门！这个家伙在推卸责任。

太阳：水星和金星，你们旋转得靠我太近，这是你们太热和太亮的原因，木星、天王星、海王星、冥王星和土星，你们又太远了，我难以提供足够的光和热去温暖你们，只有地球和火星离我的距离恰好允许生命在它们表面存活。

火星：那为什么我上面没有生命呢？

太阳：你应该和大气谈谈这个问题。

（火星召唤大气）

大气：（进来并扫视一圈，打个呵欠）原以为你们开会，我可以借此睡会儿呢！谁找我呀？

火星：是我！

大气：嗯，火星，我能为你做点什么呢？

火星：我有句怨言，大气，你只给我的表面提供了一层薄薄的大气，以致没有。生命能够存活，如果人类来了，他们也无法呼吸。

金星：大气，我有相反的问题。你给我的表层大气太厚了。如果有人在我表面，他会连庞大的、明亮的太阳都看不见。

木星：是的，我也有这个问题。

天王星、海王星、土星：是的，我们也有。

水星：你们说感激才是，大气根本不光顾我（哼）。

大气：水星，你那儿太热了，在那种条件下，我根本无法存在。

冥王星：大气也不到我那儿（开始哭）。

大气：一群泪宝宝！冥王星，你离太阳太远了，在那样奇冷条件下，我也无法存在，为什么？我会立刻结成冰。

太阳：请安静！你们太吵了，我真不理解宇宙何以能保持那样安静，除了地球，你们都有意见。

114

所有抱怨的行星：地球之所以不抱怨是因为有生命存在于那儿，它怎么会寂寞呢？

地球：听完了所有的这些，我想说点儿什么，有生命存在固然是好的，但也有它的问题。人类制造可怕的现象，例如污染。他们现在正努力治理，我很高兴有他们在周围。但你们没有认识到人类对你们任何一个都很感兴趣。有时我觉得他们对你们比对我关心得还多！他们花费成百万的钱来制造卫星和太空探测飞船以参观你们。他们买回天文望远镜，他们研究你们，给你们拍照。下回你们再感到寂寞，就想想地球上的人都在看着你们。

金星：为什么，也许我能成为一个影星！大家知道，在那种科幻影片里！（所有行星笑）所有抱怨的行星：（微笑、兴奋，不同的行星说不同的台词）我想有那么多人观察我们，其实我们也不孤独了，我们比想象中要受欢迎得多，也许某一天我们甚至能为人类做点什么，太阳，谢谢你，告诉了我们这些，也谢谢你，地球还有所有的人类。

（所有行星齐鞠躬）

月亮之象

太阳光使月亮在白天很难被人看见，但在晚上却最易被看见，这个模型是用来帮助了解月象的。

材料：

手电；人球（如：篮球）；地球——任选、太阳、月亮的标志。

步骤：

1.在一个阴暗的房间里做这项活动。一个人拿着手电代表太阳，太阳固定站在一个地方。

2.第二个人代表地球，地球绕着太阳走，同时慢慢自转（不要产生眩晕感），太阳保持手电的光柱照在地球上，当扮地球的人面向光速的时候，是"白天"，当背对光束时，是"黑夜"。

3.现在试试月象。第三个人

"月食"出现在当一个天体遮住另一个天体的时候。闭上一只眼睛，把你的一根手指头伸到眼前一臂远，并看着它，慢慢移动另一只手的一根指头到你睁着的眼前，你会发现一个位置正好挡住了原先的手指头。这就是月全食发生的过程。

轻举着球过头代表月亮，月亮绕着地球转，并时刻对着地球。有时月亮背对着太阳；有时月亮对着太阳，地球必须时刻不停地盯着月亮以观察月象（也就是说，地球随着月亮一起转动），但可以不绕太阳转。太阳保持手电的光束一直照在球上，阶段性地停止运动。此时在地球上会看到什么？例如，当月亮在地球和太阳中间，太阳只有少许光线射在月亮上，所以在地球很难发现月亮。这被称作新月。

4.大家试着扮演不同的角色，观察者会发现什么？月亮会发现什么？地球会发现什么？现实比模型更复杂（例如：地球绕着特定的轴自转，而且轨道并不是规则的圆），但是人们可得到一个大致印象。

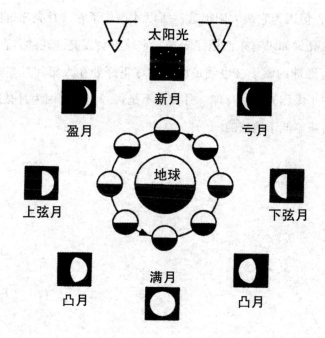

话题：地球　光

地球围绕其球心的一根轴自转。一个完整的旋转周期是一天（24小时）。太阳光线只能到达地球的一面（白天的面），月亮的半面也经常受到太阳光的照射，月象就是根据在地球上能看到多少月亮来判定的，阴历周期就是从新月的象（完全看不见）到满月再回到新月的一个轮回，月亮从新到满被称作"盈月"，反之则称作"亏月"。

"日食"出现在当月亮正好处于地球和太阳中间的时候，月亮挡住了太阳。日食能使白天迅速变黑暗。在耀眼的太阳的位置上，只能发现一个黑色的盘带着一圈白色发亮的光环。月亮其实只有太阳的$1/400$大，但因为它离太阳很远，所以才挡住了它。月亮通过反射太阳光而发亮，如果有东西挡住阳光，它就不会发亮。在"月食"中，月亮上有地球的影子（也就是说，地球正好处在太阳和月亮之间）；地球挡住了太阳光到达月球。月食并不是每月出现。因为月亮通过时总是略高或略低于地球的。

四季学得到

一年基本上可分为4个季节：夏季、秋季、冬季和春季。为什么呢？下面我们将利用一个地球仪和一盏灯来探寻一下四季形成的原因。

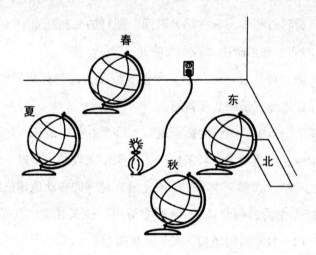

材料：

绕倾斜轴旋转的地球仪；小台灯；小图钉；胶带；卷尺；纸；笔。

步骤：

1.取下台灯罩，露出灯泡。将台灯置于地面上，点亮。灯代表太阳，屋里不要再有其他光源。

2.选定某一方向为北，并置一标记于地面。

3.在倾斜的地球仪上找出你所在处。用胶带把一小图钉头朝下地贴在该处。

4.将地球仪置于地面，离灯约1.5米远在与北相对的方向上。灯泡与地球仪的中心在同一高度。地球仪向北倾斜。这个位置就代表北半球的夏季。

5.将图钉置于灯光的中心处。这时图钉的影子看起来是什么样的？测量一下影子的长度。旋转地球仪，转一圈代表一天（24个小时）。

注意：旋转过程中，有一部分时间，图钉的头在灯光中（表示白天）；其余时间，在黑暗中（表示夜晚）。

6.对其他三种位置——秋季、冬季、春季，也进行相同的观察。每次都要保证地球仪是朝北倾斜的。

7.在哪个季节中，图钉的影子最短？哪个季节中最长？短的影子说明阳光很强，是直射的；长的影子，说明阳光较弱，是以一定角度照射到所在地的。在哪个季节中，阳光最充足（即转动地球仪时，图钉的头在灯光中的时间最长）？哪个季节中，白天和夜晚几乎相等？一般说来，白天日照时间越长，天气就越暖和。

话题：地球　恒星　天气状况

地球围绕一倾斜轴转动（倾斜度为23.5度）。地球围绕太阳转的过程中，地轴的北端总是指向北极星。地球倾斜的地轴，以及地球围绕太阳年复一年旋转的轨道导致了一年中，地球表面各处受热的不均，而这又导致了四季变化的产生。

"至日"是指一年中太阳两次离赤道最远时。

夏至是太阳在北面离赤道最远时（即北纬23.5度），一般在6月21日，在北半球，这一天标志着夏季的开始，且这一天日照时间最长。

冬至是太阳在南面离赤道最远时（即南纬23.5度），一般在12月22日。在北半球，这一天标志着冬季的开始，且这一天日照时间最短。

南半球的四季正好与北半球的相反。

教你一招

四季的雅称

春天的雅称

我国南方人给春天以"阳春"和"阳春三月"的美称。如李白诗云："阳春召我以烟景"，正是对春天绝妙的写照。昔日农历以正月为孟春，二月为仲春，三月为季春，合称"三春"。孟郊就有"谁言寸草心，报得三春晖"的诗句。

夏季的雅称

古代称夏为"朱明"。《尔雅·释天》："夏为朱明"，注："气赤而光明。"《汉书·礼乐志》："朱明盛长，敷与万物。"据《尔雅·释天》曰："夏为朱明"，后因称夏季为"朱夏"。三国魏曹植《槐赋》曰："在季春以初茂，践朱夏而乃繁。"杜甫有诗云："我有阴江竹，能令朱夏寒。"

秋季的雅称

古时七、八、九月分别称为孟秋、仲秋、季秋,简称三秋。亦指秋季的第三个月,即农历九月。唐代王勃《滕王阁序》中有:"时为九月,序属三秋"之句。

冬季的雅称

古代以农历十月为孟冬,冬月为仲冬,腊月为季冬,简称为"三冬"。唐杜荀鹤《溪居》诗:"不说风霜苦,三冬一草衣。"《尔雅·释天》:"冬为玄英。"《晋书·王献之传赞》:"观其字势,如隆冬枯柯。"

金梭与时间

日晷仪是测算时间（地球自转）最古老的仪器，根据你所处的纬度，制作一水平日晷仪。

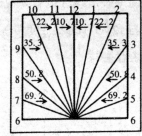

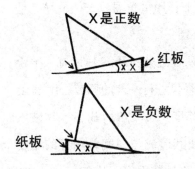

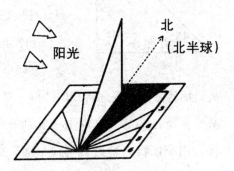

材料：

厚、硬的纸板；薄、硬的纸板；剪刀；直尺；笔；半圆式量角器；胶带；指南针（用于找到"北"）；地图册——任选（用于确定你所在的纬度）。

步骤：

1. 此日晷仪在纬度为50度时最准确，在40度至50度之间时，一般准确。可根据自己所在纬度对日晷仪进行调节。

2. 裁出一边长为25厘米的正方形纸板，做日晷仪的底座。在该纸板内再画出一个边长为20厘米的正方形。

3. 在边长20厘米的正方形中间画一条直线（90度角），将正方形分成等大的两部分，那条线就代表12：00。利用量器度，按照上面标记出的角画出线（也就是说，第一条线与12：00应成10.7度角；第二条线与12：00成22.2度角等等）。如图所示，给这些线标上数字，使其像表盘一样。

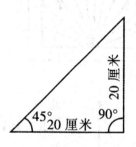

4. 用薄、硬的纸板做。如图所示，画两条20厘米长的相互垂直的直线，并将其连接起来。用胶带将晷针沿12：00线垂直粘到日晷仪底座上；用量角器检查一下晷针是否以90度角立着。

5. 如果你所在之处与纬度45度有一定距离，那就需要根据你所在的纬度，对日晷仪进行一定的调节，用45度减去你所在的纬度（即45—你所在的纬度=X）。然后裁出一片硬纸板，用胶带将它粘到日晷仪下面，以使其形成与纬度差相等的角度（即X）；日晷仪的倾斜方面须根据X是正负数而定（比如：45—39=6；45—51=—6）。

6. 将日晷仪置于一全天有日照的水平处。在北半球，12：00指向北；在南半球，12：00指向南（同样，上午和下午的时间也是相反的）。投下的影子所指示的就是当时大概的时刻。为什么日晷仪所指

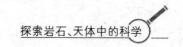

示的时间与手表指示的有所不同呢？

▋▋▋ 话题：地球　测量；光。

由太阳的位置决定的某地的时间称为"太阳时间"。这种时间是由日晷的指针"gnomon"——晷针决定的。（"gnomon"在希腊语中是"知道"的意思。）"gnomon"的角度必须根据你所处的纬度进行调整。地球的轴是倾斜的，因此空中的太阳看上去好像在夏天时高些，而冬天时低些。如果"gnomon"的角度取决于你所在的角度，那么全年中的每个小时，太阳的影子都会以相同的方式落在日晷仪上。举一些不同的纬度为例：加拿大——温哥华北纬49度，多伦多北纬44度，蒙特利尔北纬46度；美国——洛杉矶北纬34度，休斯敦北纬30度，纽约北纬40度；澳大利亚——悉尼南纬34度；新西兰——威灵顿南纬41度；英格兰——伦敦北纬51.5度。太阳时间准确率的不同取决于以下因素：你在所在时区内处于什么位置（即经度）；你是否在遵循夏时制时间；现在是一年中的什么时间；以及日晷仪是否精确地指向真正的北极或南极（而不是磁场北极或南极）。

教你一招

四季递变

地球上的四季首先表现为一种天文现象，不仅是温度的周期性变

125

化，而且是昼夜长短和太阳高度的周期性变化。当然昼夜长短和正午太阳高度的改变，决定了温度的变化。四季的递变全球不是统一的，北半球是夏季，南半球是冬季；北半球由暖变冷，南半球由冷变热。

天象模型迷你装

　　这里有一些非常灵验的模型，展示了星星的位置和它们的表面移动方式，它们几乎像真的天象图一样。

　　　　在月球表面上行走就像在有石头的滑石粉中跋涉一样。月球被粉状岩石所覆盖。月球的土壤中没有水，也没有腐烂的植物或动物，但是它确实包含许多小而透明的翠绿色和橘红色的玻璃珠子，这些珠子是当陨石落在月球表面时形成的。陨石撞击在月球后，朝各个方向喷出热的液状岩，变冷后就形成了这种玻璃珠子。

材料：

麦片盒；手电；剪刀；普通的雨伞（最好是黑色的）；粉笔；白色铅笔；胶带；星图（见"情景再现"那部分）。

步骤：

1.用星图找星星（一张星体拱极图尤其有帮助）。

2.用麦片盒做的天象模型：从几个麦片盒子中把封蜡的纸带拆掉，每个盒子可以用来代替一个或两个星座，在每个星座的位置上，打一个洞，在盒子的一端开一个圆形的口，以便把手电伸进去，把这个盒子拿到黑暗处，用手电把一束光照到盒子里使洞发光，把麦片盒子天体模型沿着星轨放置，有助于你找到天空中的星座。

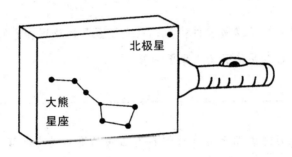

3.伞上的天象图：用粉笔或一支白色的笔在伞上画星星或用几块小的胶带作星星。北极星位于伞的中心，在小北斗七星阵上，北极星在伞柄的顶端，标出小北斗中其他星星的位置，把大熊座、仙王座、天龙座、仙后座的星星的位置也标出来。然后把每一个星座上的星星用线连接起来，按逆时针方向转动伞，看星星在夜空里是如何显现的。

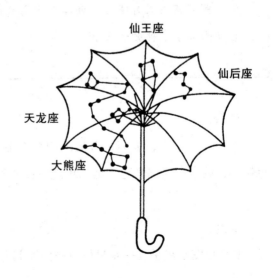

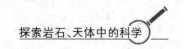

▌▌▌ 话题：恒星　制图

　　一般来说，一个行星运行仪是由一个里面已按照相关位置，布满星星的半空球体组成的。这个半球体慢慢地旋转，显示星星在夜间运行的状态，做微缩星体模型是使你在实际观察星体前熟悉星座（许多星）的好方法。做这个伞状星体模型时，有几点需要注意：首先，星星并不是真的在转动，只是因为地球在转动，所以它们看起来在动；其次，星座都是环绕北极星的，并经常可以在地平线上看见，离北极星远的星座每天随着地球的转动升起再落下；最后，伞的各条骨架代表天上的子午线，天文学家确认天上的星星所处的经线位置与确认地球上的经线用的方法是相同的。

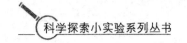

情景再现

采石爱好者

在岩石这一主题系列活动中，我们可循序渐进地学会采集岩石。

岩石有各种各样的形状、大小及颜色。它们的确是随处可见的，可你有没有因为欣赏哪一块石头的颜色和形状而捡起它呢？如果你这样做过，你就有可能成为一名很不错的采石爱好者。采石爱好者搜寻石头仅仅是为了看一看到底他们能采集到多少种类型，而另一些人则仅仅采集那些与众不同的石头。他们不断地增加他们的收藏，直到只缺三四种时为止。这时，搜集石头的工作变得富有挑战性而且吃力，而其他的集石爱好者会从炫耀他们的石头中得到最大的满足。不过还有的人认为真正令人兴奋的是采集时那种好奇心——那种想知道山顶上或几米外石头究竟是什么样子的急切的好奇心。

不知从什么时候开始，许多人开始采集并收藏石头，但这只不过是把一些没有标记和名字的标本扔进纸板箱里堆积起来罢了。怪不得许多人渐渐地对采集石头失去了兴趣。在下面的系列活动中我们要做的第1项工作是装配一套采石的工具，这样我们才能对感兴趣的发现进行发掘和加工。第2项工作是处理那些采集岩石或者实质上是采集中的问题。在第3项活动中，我们将学习一些辨别岩石类型的要点。岩石包括火成岩、沉积岩和变质岩三种。在第4项活动中，会介绍几种测试岩石性质的实验。最后，我们将讨论如何准备、展示和保护你的石头藏品。

要想得到更多采石方面的信息，你最好与当地的岩石俱乐部取得联系。这些俱乐部将向你提供有关采集、识别和加工岩石的建议，而且你还可以在这里与其他采石爱好者交流或交换你们的标本。

准备好了吗？

收集并熟悉采集岩石的工具本身就是一项工作。下面让我们来装配一个采石工具箱。

材料：如下所述。

步骤：

1.收集并检验下面的采石用具：

·凿子或是大锤——用来弄碎大块岩石，最好选择那种有坚硬的钢头和钢制把手的锤子（铸铁制成的锤子很容易在击打石头时被损坏）。

·石镐或地质勘探镐（一头是平的而另一头是尖的那一种）——如果你是一个很投入的采石爱好者，你就可以考虑使用这种工具，虽然一开始你并不一定能用上它。有一种叫作坚石镐的镐是你的最佳选择。当然你可以在矿石或岩石铺子和五金商店里买到它。使用时，用钝的一头击碎中等大小的岩石块，用尖的一端敲碎小石块或把大岩石撬成两半，你必须小心地击锤，不然，你只会收获大堆石子和一只破旧的镐头。

·冷凿（用于金属）——用来把晶体撬出来和敲碎晶体上的石

块。你需要两把：一把刃宽2厘米，另一把刃宽1.5厘米。不好买的话，就买一把刃宽1厘米的。

·安全保护镜——它在那些四处飞溅的尖石中保护你的眼睛很重要。击打岩石时，一定要戴着它，而且要确保你近旁的人也戴着，碎石可以溅出很远。

·手套——挖掘或加工石头时，它可以保护你的双手。

·撬棍或铁棒——用来撬开小的圆石或有裂缝的岩石。

·铲子——用来挖掘岩石。你最好选用小而且可以折叠的那种叫作挖壕工具或童子军铁锹的铲子。

·放大镜——用来检测小的晶体，观察相似的岩石的不同之处。最好选用放大倍数不超过10度的那种。

·钢刃的小刀、一片玻璃和一枚硬币——用来测试硬度。

·结实的帆布兜或背包——用来携带工具或岩石标本，不能太大，否则你会背不动它。

·旧报纸——在标本被放入背包之前，先用旧报纸将它们分别包裹，以免互相擦碰。

·小塑料瓶或装蛋用的纸板箱——用来搬运和保护小的晶体，最好在它们底部铺上棉花或软纸。

·笔记本、铅笔和标签——对于记录岩石标本的来源是必要的，尤其是当收藏规模越来越大的时候，它们会使你的收藏变得更有意义，不透光胶纸可以作为暂时性的标签。

·罗盘——用来寻找方向，特别是在一个生疏的地区。

·户外服装——应当起到舒适保暖、防虫等作用，而鞋子或靴子则会当你在岩石上行走时给你提供安全的保护。

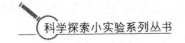

▎▎▎ 话题：岩石类型

　　一名认真负责的采石爱好者总会遵循几条简单的规则。为了安全和有更多的乐趣，至少和另外一个人同行，最好是同一位年长一点或更有经验的人同去。不要去攀登岩石或采石墙；在山坡等土质较松的地方要当心；不要在别人的下方工作；不要进入已被废弃的矿井（一般情况下，一个老矿井的唯一支柱仅仅是一根腐烂的原木）。对于初次的行程，你最好选择熟悉的地区。不要破坏诸如篱笆、标记牌、房屋之类的东西；要保护环境；不要惊扰野生动物或破坏植被；把挖过的洞填平，不然它们会对人类、野生动物和畜禽的安全形成威胁；不要携带那些很大却不大可能用得上的标本；不要穿越或挖掘已经被开垦了的土地，尤其是那些上面长有植物的土地。禁止在没有得到允许的情况下去私人的土地上采集岩石。有些私人土地并没有"不许入内"之类的告示，但如果你闯进去了就会被罚款。你必须在向土地的主人说明理由并保证不会对土地造成任何损失，并且弄清楚土地的界限之后才可以开始工作。

标本的采集

到哪里去寻找岩石？在遇到一些你感兴趣的标本后该怎么做？这里将向你介绍一些办法。

材料：如上节所述。采集地的地图——任选。

步骤：

1.选择一片安全的地区同时遵循前文所述的规则。

2.只是采集几块相同的岩石是不够的，搜寻各种各样的岩石。如果你在一片地区中找不到许多类型的岩石，不要灰心，不同类型的岩石总是分布在地球上的不同部分。

3.由于颜色或外表上的变化（如石头表面变黄或变褐），那些暴露于雨水、大风和极端气候的岩石也许很难被辨认出来，这时去寻找那些刚刚碎裂的石块，或者干脆用锤子或凿子击碎一块大岩石。

4.拾拣那些松散在地上或者已经布满小洞、几乎碎裂的岩石标本很容易，而加工一个岩石标本，例如把一块晶体从大块岩石上弄下来则需要更多的耐心和技巧。

5.一块好的岩石标本一般应是10厘米宽、10厘米长、5厘米厚的。这样的大小足可以表明出岩石的各种性质，而且这样的体积使得无论是搬运还是收藏都很方便。用锤子或凿子来加工标本时，记住一定要戴上安全护目镜。首先，把你准备要加工的岩石稳妥地放在另一块大岩石上。接着寻找一条裂缝沿着它锤出岩石。这项工作需要一定的训练。

6.在加工一块晶体的时候，你必须首先凿掉晶体周围大于晶体本身几倍的岩石。在回到基地后，你可以对它进行进一步的加工。

7.除了标本之外，再另拿几块碎岩石。用它们而不是你的主要采集成果来测试岩石的硬度和其他性质。

8.只拿最好的标本，否则背上一整袋的岩石是很重的。

9.当你得到你想要收藏的标本后，给它加上一张带编码的标签。在笔记本上记下标本的号码、发现日期、发现区域（或许在地图上标出来会更好一些）和大致的周围环境（如标本周围岩石的形态），以及其他你认为很重要的信息（如标本是否与基岩很相像）。

话题：岩石类型

采石爱好者们总是竭尽全力地寻找晶体，尤其是那种罕见的大而完整的晶体。但大多数晶体都是碎裂的，所以寻找小而完整的晶体要容易一些。为此，你必须连最小的裂缝和罅隙也要观察。仔细观察大岩石洞的侧面和底部。通过放大镜或许你会找到一些不足1厘米长但却十分完整的小晶体（这就是采石爱好者极为珍爱的微型宝石）。

有些地方非常适宜于采集岩石，这些地方包括：岩石暴露的地区，如山崖或海边，湖边或小河附近，滑坡地带、峡谷、干沟、海滩、河床、采石墙、矿石倾倒区、建筑开掘区和岩石切面（在高速公路上或铁路路轨边）。

学会分类与识别

在工作的开始，我们先把石头归纳为三种基本类型——火成岩、沉积岩、变质岩。在下面的活动中，将利用这些简单的线索。

材料： 岩石标本；放大镜；醋。任选——岩石和矿石鉴别指南。

步骤：

1.观察岩石标本。它们在哪些方面是相像的？又在哪些方面是不同的？观察诸如形状、构成（联系发现地区，如流水会把岩石磨得很圆滑等）、气味和重量等性质。

2.你可以用放大镜更仔细地观察那些标本（大多数的晶体都很小并被埋在岩石中）：把放大镜靠近你的眼睛，然后把标本移向放大镜直到焦点对准。

3.根据下面的要点来确定一块岩石是火成岩、沉积岩，还是变质岩。当然，你需要实践。从第一部分的a开始，如果特征符合，你将被告之下一步怎样做［如：去做第（2）点］；如果特征不符，去做这一部分的b，你将被告知去做什么。

（1）a.岩石是由眼睛可以看出的矿石颗粒组成的→做（2）。

b.岩石不是由眼睛可以看出的矿石颗粒组成的→做（5）。

（2）a.岩石是由看上去交融在一起的矿石颗粒组成的（联结的）→做（3）。

b.岩石是由看上去粘在一起的矿石颗粒组成的（非联结）→做（6）。

（3）a.标本中的矿石颗粒看上去都一样→变质岩。

b）标本中的矿石颗粒有两种或更多种的类型做→（4）。

（4）a.标本中的矿石颗粒不是有序排列的，而是不规则的，如图A所示→火成岩。

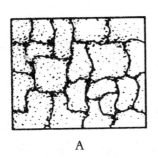

A   B

b.标本中的矿石颗粒是有序排列的，如果它们有明显的纹理，如图B表示→变质岩。

（5）a.岩石是由玻璃似的或泡沫似的（有小洞）→火成岩。

b.岩石是由坚硬的、扁平的石片构成，好像要碎成一片片的样子→变质岩。

（6）a.岩石是由泥沙、石块黏结而成，或许中间还有化石→沉积岩。

b.岩石不是由泥沙，石块黏结而成，而是包含了一种遇酸后嘶嘶作响的物质→沉积岩。

4.根据上述要点把岩石归类后，试着根据下页中的表格内容来识

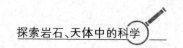

别标本。此表格只是提供一些较常见的情况。在岩石或矿石鉴别指南上你会得到更具体的情况。

话题：分类　岩石类型

分类和识别岩石要看它们中所含的矿物质。岩石是由某些特定的矿物质再加上一小部分其他矿物构成的，而另外的一些岩石则含有相同质量的几种矿物质，更有一些矿石甚至是由其他的黏合在一起的岩石构成的。构成岩石的矿物一般是以颗粒状存在的。某些颗粒小到即使是在显微镜下也很难被发现。岩石中的矿质颗粒可以是分散的，也可以是按层排列的。我们可以根据矿质微粒的大小和排列情况来对岩石分类和识别。

岩石性质查查看

矿质学家发明了许多测试方法来识别矿石并进行分类。通过这种测试，你可以发现你的标本的性质或其他已被识别了的矿石的性质。

材料：

你收集的标本或是一套已被识别了的岩石或矿石；放大镜；小锤子；铜币；钝的钢制刀尺；一块玻璃；一条瓷片或未上釉的浴室瓷砖（大多数背面未上釉）；黑色制图纸线；磁铁。任选——报纸、岩石及矿石鉴别指南。

步骤：

1.颜色：矿石是五颜六色的。一开始，你可以观察它们的颜色，但是这并不是识别矿石的关键，因为有许多矿石是杂色的。

2.结构：用一个放大镜来观察岩石标本中矿质颗粒的大小。大的颗粒和厚块表明岩石的结构粗糙，这样的岩石比较容易辨别，而小的或不明显的颗粒则表明岩石的结构比较细致。

3.形式：如果岩石标本具有扁平的且比较洁净的晶体或类似晶体的表面，那么它就是结晶质的。如果这个标本形状并不规则，而且没有晶体表面，那么它就是非结晶质的；而当它是粉末状或油质的，那它就是土质的或颗粒结构的。

4.光泽：光泽是矿石表面反射光线而产生的。如果矿石看起来很亮（像箔片或新镍币），它就具有金属光泽；如果没有这种光泽，它就不是金属。金、银、铜具有金属光泽，当然也有非金属光泽。如：闪烁的（像金刚石），玻璃似的（如碎玻璃边缘），似蜡的，珍珠般的，丝绸般的，油的（如牛肉脂肪）或是泥土似的（如粘石），这些都说明它们并不是真的具有光泽。

5.透明度：表明岩石传导光线的能力，把一件标本迎光举起，如果你能很容易透过它看到发光体，则它是透明的；如果你只是勉强看得见，则它是半透明的；如果你根本看不见任何物体，则它是不透明的。

6.硬度：用指甲（2.5），硬币（3.5），钝的钢制刀片（5.5）和一块玻璃（6.5—7）做一些简单的硬度测试。首先，试着用指甲刮划标本，如果留下了划痕，则它要比指甲软；否则，再用硬币试一试，如果仍有划痕，则它比硬币还软，硬度小于3.5（但大于2.5），以此类推，直到有一种物质使它出现划痕为止。划痕一般不要超过3厘米，以免损坏标本；弄出划痕后，用手指擦拭一下，确保它是划出来的。下面是一些比较适用的用来做起步硬度测试的矿石：萤石、滑石、石英、雪花石和方解石。

7.条纹和压皱：如果把一块矿石在一条瓷片上碾过，矿石上就会出现一条粉末条纹。因为瓷片的硬度相当于7，你只能用硬度不大于6.5的矿石上做到这些。不过你也可以用小锤子或镐头砸碎那些更硬的矿石（不要放在瓷片上），此时会出现更加细小的与矿石上的条纹同一颜色的碎片。如果你不清楚条纹到底是白色还是无色的（无色条纹在白色瓷片上会呈现白色），那就在瓷片上弄出4—5条同一矿石的条纹来，把粉末从瓷片上刷到一张黑色制图纸上，然后用一个放大镜看粉末是白色的还是无色的。下面是一些较适宜做起步条纹与压皱测试的矿石：方铅矿石、孔雀石、磁铁矿石、赤铁矿石、黄铁矿石、褐铁矿石、滑石。

8.磁性：用线将一小块标本悬挂起来，它会被磁铁吸住吗？较适宜的初步磁性测试的矿石有：天然矿石、磁铁矿石、滑石、石墨。

9.破裂（解理和结构）：破裂的方式是矿石的一个重要特征。如果可能的话，将矿石用报纸包起来后用锤子锤打，观察那些碎块及原来的标本表面。如果破裂后标本的表面依然平滑，矿质学家称之为"解理"。那些不碰也会碎裂的矿石被称为"断面"，断面有许多种，贝壳状的（留有一系列平行的曲线，如贝壳一样）、锯齿状的（表面被裂片弄得很粗糙）、纤维状的（表面像纤维一样粗糙）、不规则的（表面粗糙不平）、参差不齐的（表面被尖状物弄得参差不齐）。

10.重量是指粗略的估计标本的比重。矿石的比重是其质量与同体积的水的质量比。如果矿石的比重为2，则其质量是同体积水的质量的二倍。我们可以相对粗略地算出比重。把一件标本置于手掌上，上下动一下你的手，你就会感觉到其重量，然后再去弄另一件标本，这时你会感觉到其中的不同。大多数的普通标本比重为2.5或3。相对于它们的体积而言，比重小于2.5要"轻"一些，而大于3的则"重"一些。

11.比较测试的结果，你能根据下面的表格和测试结果识别出它们的种类吗？你可以从岩石及矿石鉴别指南中得到更多这方面的知识。弄清楚标本的性质，你就可以在某一方面更好地利用它（如珠宝、绝缘体等）。

采石爱好者非常珍视陨石。它们是从空中落到地球上的岩石块和铁块，其中既有钉头大小的，也有重达几吨的大块。我们在任何地方都能发现这些或是全部暴露或是部分暴露的陨石（这主要取决于它们存在于地球上时间的长短以及撞击时的冲击力）。

刚开始见到它，你或许认为它跟普通的岩石或人工制成的材料没有太大区别，其实陨石具有非常明显的特征。陨石有一条很软的熔化的岩圈，其颜色在深黑到棕色间变化，有时或许岩圈已经部分地脱落了。一些陨石含有大量的镍并具有非常强的磁性。它们形状不一，并且在表面上有圆滑的小坑穴（这些小坑穴看起来有点像指印）。某些陨石还包含金属铁，这些铁是以分散的颗粒状存在于破裂的或磨光陨石的表面上的，在这些表面上我们还可以用肉眼看到许多叫作陨石球粒的硅酸盐矿质球粒。因为陨石来自太空，大学和博物馆对那些来源可靠的陨石标本很感兴趣。

尝试一下淘金的滋味吧。如果你把从河底弄出来的沙土（干湿不限）都淘过，你会得到最佳的结果，因为金是河水的沉积物中最沉的一种。观察河床上的裂缝，然后拿一个淘金盘来淘取河底的沉积物。当盘子中的沙子或石砾达到半满的时候，加水浸泡，然后把淘盘前后摇晃。这时，沙子和其他较轻的枷质就会被水冲掉。拣出那些较大的石块，最后剩余的只有一堆黑砂和其他物质。加一点水，摇晃淘盘，让剩余物顺着盘底旋动。这时如果有金子的话，你就应该把它拣出来了。然而，勘探者们从不把那些剩余物扔掉。你可以用磁铁进一步地把黑矿同非磁性的金砂分离开来。当然，在淘金中最重要的一点是不要把黄铁矿石（愚人金）当成金子。

话题：岩石类型　分类　测量　磁

这里有许多试验可供你做。例如，我们可以根据矿石的纹理来识别它们，因为纹理在一般情况下是不变的，而矿石的颜色则是不定的，而且条纹与矿石的颜色不会相同。金子与黄铁矿石（愚人金）都是黄色的并具有金属光泽，不过金子上有黄色条纹而黄铁矿石有的是黑绿色条纹。尽管通过条纹测试，我们可以解释一些矿石的性质，但一些矿质学家仍在白色与无色条纹的区别上存在分歧。

大多数的采石爱好者和矿质学家都倾向于通过硬度测试来分辨矿石。矿石承受乱划的耐力即其硬度。硬度在辨别相似的矿石时起到很大作用。在1812年，弗来得里奇·马丝发明了一种硬度标度，这一标度是建立在矿石相互刮划的承受力基础上的。它把硬度按从小到大的次序排列成1到10级。在1级中，矿石非常软，而10级中的矿石则非常坚硬（请看下面的表格）。每一种矿石都能被同级的或比它更坚硬的矿石划出痕迹。因此，一种矿石只能在硬度比它小的矿石上留下划痕，却要被硬度大于它的矿石划伤。例如，萤石可以划伤方解石，同时被磷灰石划伤。金刚石是最为坚硬的矿石，其硬度可达10级，没有别的矿石可以划伤它。一套马丝硬度标准标本对于确定矿石的硬度有很大帮助。

硬度	矿石举例	测试材料
1	滑石	软铅笔铅
2	石膏	粉笔，指甲（2.5）
3	方解石	铜币（3.5）
4	萤石	黄铜、铁钉（4.5）
5	磷灰石	钢制刀片（5.5）
6	长石	玻璃、钢锉（6.5—7）
7	石英石	燧石、砂石
8	黄玉	尖晶石（7.5—8）
9	刚玉	金刚砂石、粗铝氧化砂纸
10	金刚石	金刚砂纸（9.5）

岩石收藏大比拼

如果你打算让你的岩石收藏看起来漂亮，你就必须把它们加工成最好的样子。请根据下面几个基本步骤来准备你的供展示的标本。

材料：

凿子；钉了；缝纫针或其他锐器；锤子；镐头；水或摩擦乙醇；干净的布块；笔刀；硬毛刷（如牙刷）；白色油漆；细尖钢笔；硬纸标签；醋——任选。

步骤：

1.把晶体从石头中清理出来。用小凿或其他锐器小心地凿去多余的石块，只留一点离晶体近的部分，留作晶体的立座。清理晶体是一项枯燥冗长的工作，你可以分批来做。

2.仔细地把标本清洗干净，最好是用水浸泡几小时后用软布擦干。不过，一些矿石会溶解于水，所以最好先拿一小块标本试一试。如果无法用水来浸泡它们，那你就只好凿掉或刷掉上面坚硬的泥土或黏土，一般用小刀或硬刷即可。如果其硬度大于5，你也可以用电刷。另有一些矿石尽管溶解于水，但能在酒精中安然无恙。不过你最好还是先试一下。

3.一些标本上有难看的红棕色锈迹，这表明它们所在的土壤中含有铁。在醋中浸泡它们几小时，锈迹就会消失。记住，先试验一下。如果有气泡产生或标本颜色发生了改变（除了锈被除掉外），你就不能用醋。

4.给每一块标本加一个永久的标记。你可以在发现岩石后马上给它一个编码，然后在上面涂上一点油漆，当油漆干后，用尖笔写上它的编码。

5.你可以采取任何方式对标本进行分类整理（如根据其类型、颜色、大小、采集地点等）。然后给每个标本做一个展示标签，最好用硬纸板代替纸（纸易卷边），在上面注明标本的名称，发现的地点、时间以及其他你认为它吸引人的情况。

6.扩展活动：微型体为许多采石爱好者所喜爱，它们的完整与美妙色彩称得上无懈可击，有些晶体小到你只有使用放大镜、显微镜才能看清楚的程度。展示这些微小物体并不需要具体的规则。你只需选择一件标本，将它修整，清洗一下，再粘上一个支座（如一根冰棍儿棒），然后在盒子上镶一个支架，贴上标签即可。

话题：岩石类型

展示你的标本能使你从工作中获得乐趣，当然这也是你整理一下你的收藏物的好机会。任何容器都可以用来展示你的标本——装鸡蛋的纸板箱、硬纸盒、木质的盒子。每一件标本都应分别放入容器中，最好垫上一些软纸或棉花。你可以用水箱设计一个非常好的展示台，在上面放一些盒子或木板作为台阶，把你的标本放在不同的层次上，再铺上毡布或天鹅绒，一种华贵的感觉便会油然而生。你可以盖上一个盖子或割一块塑料铺上以避免灰尘污染。

许多采石爱好者喜欢打磨岩石。打磨后的岩石会像被快速蚀刻的岩石一样，你还可以在珍玩店买到石制的不倒翁。

天空星象观测站

天体系列活动将带领星象观察的初学者步入夜空。

　　充分欣赏天空美景的唯一方法就是观察夜空。星象观测是一项既费时间又需耐力的活动，但是当你最终依靠自己，在天空中找到了那些曾经听说过无数遍的东西（例如北极星或大熊星座）时，那种喜悦和兴奋是无与伦比的。当然你还可能发现一些全新的、从未听说过的东西，业余星象观测爱好者制定的观测规则已经使他们有了一些令人兴奋的发现。这些观测规则在天文学领域占有重要地位。例如，两个年轻的业余星象观测爱好者带着他们自制的望远镜在美国得克萨斯州他们家附近的山顶上进行光学测量。就在那天晚上他们发现了今天以他们的名字命名的彗星。几百年前，一群来自僧院的占星家在观察月亮时，看到其表面有一道刺眼的光带。今天的天文学家们认为这些僧侣幸运地看到了流星与月球相撞的状况景象。曾经生活在地球上的数以亿计的人们当中，这些僧侣可能是唯一有幸见到这一彗星与月球相撞现象的人。路易斯·帕斯特曾经说过："机会只钟情于那些有准备的人。"接下来的这些活动将使你成为一个有准备的人。尽管北半球是观测的中心点，但南半球也有一些信息，并且许多信息对于两个半球上的观测都是十分有用的。

第1项活动是制定星象观测的基本指导方针；接下来的一项是概括介绍寻找星星的方法；第3项是通过描述一些北半球整年可见的著名天体在你首次观测夜空时帮助你；接下来的两项是涉及制造用于研究星体亮度的仪器和如何成为一名星座发现者；第6项活动是带领你进行一次夏日夜空旅行（许多人在夏天开始星空观测是因为夏夜较为温暖），也提供了一些春季、秋季、冬季的星座信息；最后一项活动是关于购买、使用双筒望远镜。

准备进行中

尽管星星距离地球有上万亿公里远，我们仍然可以看见很多星星。下面这些建议将帮助你通过星象观测看到更多的星星。

材料：

手电筒；红色短袜或红色玻璃纸；笔记本；铅笔；毛毯——任选；枕头；双头望远镜或者一般望远镜；星像图。

步骤：

1.选择一个晴朗的夜晚进行星象观测。多云、有烟雾，有灰尘或者有雾气都将给观测带来不便，明亮的满月也会挡住星星较微弱的光。另一方面，漆黑的夜空会呈现出大量的星星，这将会使一个初学者感到迷惑和不知如何着手。进行你的首次星象观测的最佳时间是恰好在新月前后。

2.如果你是一个初学者，你最好选择太阳刚落山之后那段时间进行星象观测。因为在那时只有那些相对较为明亮的星星才会被看到，这样可以防止混淆。

3.尽可能远离大城市明亮的灯光。

4.尽量穿得暖和些。即使是在夏天，夜晚还是很凉的。当人们感到寒冷时，他们就不会再有兴趣继续星象观察了。

5.带一个手电筒用于找路和读星象图。把手电筒装有灯泡那一端用红色短袜或者红色玻璃纸蒙上（红色光线不会影响人的眼睛对黑暗的适应）。如果一个小组一起进行星象观测，其中一个人可以作为指挥者，使用一个光线较为强烈的手电筒，作为全组的照明工具（不需要覆盖东西）。

6.找一个远离大城市和建筑物灯光及路灯直接照射的尽可能黑暗的地方。山顶将是一个理想的观测地点。同时确信你已经搞清楚东南西北四个方向了。

7.让你的眼睛适应黑暗的环境至少10分钟，最好20分钟左右。

8.如果条件允许的话，可以仰面朝天而卧（这时毛毯和枕头便派上用场了）。为了消除疲惫，每次观测之后起来进行一次休息。

9.把星象图及备用书籍带在身边，以便随时核对一下星体的位置。做笔记或在笔记本上绘出图形，标明日期和观测地点。按时间发展的顺序，每隔5分钟左右记录下你所发现的新天体及你视觉方位的改变方式。刚刚开始星象观测时注意记下你所看见的每一样东西——飞机、月亮、行星、闪亮的星星、不明飞行物、卫星，甚至萤火虫、云块、流星、北极光、彗星、月亮四周的晕环和明亮星体的闪烁。如果你已经较为熟悉并可以熟练地进行星象观测，你可以具体地记录星星的一些情况，例如它的形状、颜色、亮度、与其他星星的位置关系、运动状况和其他一些信息。

10.认真观察光线。如果有一种光，它的移动比较平稳，那么它可能是一颗卫星、流星或者是飞机。

11.使用不同方式观察物体。例如：先直接观看星体，然后使用

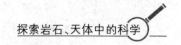

辅助观察的器械进行观测。你认为用哪一种方法，可以看到更多的星星呢？

▍话题：恒星

　　天空中有数以亿计的星星。由于大城市中心被无数明亮的灯光包围着，所以在那里只能看到250颗星星左右。但是，在城市以外的地方，如果在一个晴朗的夜晚，即使不使用望远镜你也可以很容易地看到3000颗左右。在这些星星之中，99%都比我们的太阳大得多，亮得多。

瞧！在那边！

你不可能在黑暗的夜空中准确地指出一颗星星来，那么如何把星星的位置告诉给其他人呢？又如何描述两颗星星之间的距离呢？下面是一些寻找星星位置的方法。

材料： 无。

步骤：

1.为了说明一个星体的大致方向，你可以简单地把它描述为"北方"或"西北方向"。更确切地说，你可以假设你正站在一个巨型的大钟的中心。12点的位置代表北方，然后你便可以通过说"我在10点这个方向上看到一颗星星"来说明它的方向。

2.为了弄明白星体的高度，你可以看头顶正上方天空中被称之为"天顶"的一点。不要只是用眼睛向上看，要尽可能将头部向后仰，或者干脆躺在地上向上看。你可以在地平线（零度线）和天顶（90度）之间看到天空中所有的可见物体。举个例子来说，如果一颗星星恰好在地平线和天顶的中间位置，那么它的位置是在45度上。你也可以使用手来找出星体的高度。平直地伸出一只手，掌心面向自己拇指直立，其余四指并拢。将手掌向下移动直到小指的底端，与水平线重叠为止（忽略所有建筑物、树木等等阻挡地平线的因素不计）。从这个位置到食指顶端就是"一手高"。交替地移动双手的位置直到达到可能相当于地平线之上两手高或者它可能是三手加上两指高。

3.通过想象中的大钟和对90度的划分（或者是用手高来测量），可以指出一个星星的位置。例如，假设你正在观测的这颗星星在东南方向，大约是地平线和天顶的中心位置。你便可以这样描绘这颗星星的位置："我看见的这颗星星在五点整，即45度位置上。"

4.用度量的方式亲手测量两颗星星之间的大致距离。把手伸出一臂远，你的小手指尖的宽度为一度左右。右面的图示展示了用手指组合及其跨度

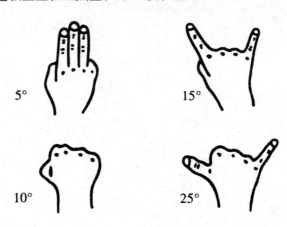

来表示的度数。大熊星座是检验这种测量系统的最好例子。举例来说，大熊星座的大碗中的两颗指示星之间的距离为5度（三根手指高）。这个大碗上部宽近10度（一拳高）。大熊星座底部从一端到另一端大约有25度（两拳加三根中指的高度，或者是从小指到拇指之间的跨度）。

 话题：恒星　测量

当你进行星象观测时，最重要的事并不是星体与地球之间的距离，而是它们在天空中的位置及各个星体之间的具体的距离，这种"方位——高度"的测量方法是描绘一个星体位置的一种简单的方法。首先，你要描述出它的"方位"，然后说出它在天空中的高度。你也可以利用这个星体与其他星体之间的度数来描绘一个星体的位置。

夜空观察首次行

来看看北半球的夜空，一旦熟悉了那些基本的星辰，再认识其他的星星以及了解白天知识就容易多了。

望远镜揭开了天空的面纱。在17世纪早期，荷兰光学家汉斯·利珀希发明了一种透镜可以将远处物体放大成像。意大利的物理学家、天文学家伽利略对其进行了加工，供自己观察星体用。

材料： 与第一次活动中的相同。

步骤：

1.大图画：开始时只要泛泛地看就可以了，先欣赏夜空展示出的全景，然后再对具体事项进行观察。

2.月亮：月亮是夜空中最亮且最容易看到的物体。有时在晚上，月亮实在是太亮了，以至于我们都看不到其他恒星或行星了。那么月亮到底在哪儿？如何描述它在空中的位置（利用前页讨论过的恒星定位的方法)？将胳膊伸直时你的小指指尖的宽度定为1度，试着用小指遮住月亮，（当然这时月亮宽度不足1度），月亮处于什么阶段？虽然对于编撰挂历来说，4个阶段（上弦、月圆、下弦、新月）已经够详细了，但天文学家们仍然从新的阶段开始（即月亮不可见时），用以天来计算的"月龄"来描述月亮，从一次新月到另一次新月的一个完整的轮回需要29.5天时间，上弦出现在第7天，月圆在第14或15天，下弦在第22天。在上弦阶段的前后，也就是第6天或第9天，是业余爱好者观察星座的最佳时刻。

3.行星：在五月的黑夜，许多恒星和行星就变得清晰可辨，行星首先出现，等天空完全黑下来后，才能看到恒星，有四颗行星很容易就能找到（望远镜会对观星者有帮助）金星发出白亮的光，它是距地球最近的行星，最亮的时候，它的光亮会盖过一切（除了月亮），而且日出日落时，我们在东方和西方也可以分别看到它。

木星是一个又大、又亮、黄白色的行星，借助于望远镜，我们可以看到木星的4个最亮的卫星（木星共有16个卫星），这4个卫星看起来就像是亮点，在木星的一侧几乎排成一条直线。土星看起来发白黄色，就其亮度而言，会被误认为是一颗恒星，如果不借助望远镜，就看不到它周围的光圈。火星发出略显红色的光，在恒星前缓缓地漂浮着。要是发现了一颗行星，就连续几天晚上仔细观察，它将在空中向西移动，行星的位置与年份以及一年中的具体时刻有关，因此我们可以通过阅读报纸或每月的星球简报来了解行星的确切位置。

4.恒星：随意盯着一个恒星看一会儿，然后再盯着另一个看一会儿。

5.大北斗七星：在北部天空可以看到的大北斗七星，它是由7个很亮的恒星组成的，很容易找到，大北斗七星形状像个勺子，或平底锅，它是一个更大的星座——大熊星座——的一部分。大北斗七星被视为空中的向导，因此熟练地找到它是很重要的，找到它后，向别的地方看一会儿，然后再找到它。在

大北斗七星中，哪一个星旁边紧挨着一颗小恒星呢？答案是北斗六，也就是从勺把末端数第二颗星，较暗的那颗星是Alcor。过去，印第安人用这两颗恒星来测试眼力，他们把那颗较大的恒星称为女人，把它后边的那颗称为婴儿。

6.北极星：将大北斗七星中两颗"指示星"北斗二和北斗一所成的线向外延长，就指向了北极星由于没有其他的恒星围绕着它，所以，虽然它不是很亮，也很容易找到，面对北极星就是面对着正北方向。

7.小北斗七星：北极星是小北斗七星的勺柄末端的那颗星，大小北斗七星相向而居，小北斗七星组成了小熊星座。

8.天龙座：天龙座的尾部绕在小熊星座的杯状部分，它位于大北斗七星和小北斗七星之间。

9.仙后座：仙后座和大北斗七星分别位于北极星的两侧，它们到北极星的距离几乎相同，沿大北斗七星上指示星的方向到北极星，再继续往下看，就会找到一个由五颗星组成的"W"形的星座，这个星座是根据神话中的王后命名的，这个星座看起来就像皇冠上的尖。

10.仙王座：仙王座位于仙后座和北极星之间，由于组成仙王座

的恒星光线较弱，所以它很难观测到（仙王座是根据神话故事中的一位国王来命名的，可它看起来一点都不像国王，事实上，倒像一个画得很糟的屋顶）。

11.猎户座：猎户座对于找到其他星座来说是很重要的。在11月份到4月份之间，面向南方，找一找猎户座，猎户座是一个由七个蓝白色恒星组成的主要的星座，三颗等距离排列的恒星构成了猎人的"腰带"，挂在猎人"腰带"上的"剑"——毕星团——是一团发光的气体，天鸽座是这个星座中最亮的恒星，它也是目前所发现的最亮的恒星之一。

12.星星的故事：观星的另外一件趣事就是了解关于星座的神话故事，后页载有几个故事。

话题：恒星　行星

北极星差不多正好位于北极的正上方，它代表的是地理北极（与地磁北极稍有不同）。北极星在空中的高度由你所处的纬度决定，离北极较近时，北极星似乎就在头顶上；距赤道较近时，北极星看起来则好像是在地平线上。北极星并不是特别明亮的，但它很与众不同，因为它的位置几乎从不改变，而其他所有的星星似乎都围绕着北极星逆时针绕转。一年四季，夜里9点钟左右，在北半球的中纬地区总能看到北斗七星，从春天到秋天，北极星会从正上方移到北方地平线处；在北纬40度以北，全年都可以观察到北斗七星（而在北纬25°—40°之间，北斗七星会在秋天时消失几周）。

星座是指一组恒星。早期的天文学家们根据界限较为明显的一组组星群分布，将天空划分成一定的区域，然后又根据这些星群所组成的不同类似的图案给他们命名，并把这些图案与一些男女英雄及动物的神话传说联系起来，星座中星与星之间并没有必然的联系。1930年世界天文联合会以官方名义正式确定了各星座的名称及分界线，一共划分出88个星座，而每个恒星只能属于一个星座，在南纬地区，只有1／4的星座是清晰可见的，其余的都模糊不清。由于地球是沿轨道围绕太阳旋转的。许多星座只有在一年中的某些特定时候才能看得见。第一次观察夜空时，最好将注意力主要集中在极地附近的星座（这些星座全年都能见到），最容易找到的这种星存在于大北斗星中（大熊星座的一部分）；小北斗七星（小熊星座）；天龙座；王后座；国王座。

利用大北斗七星和猎户座，可以找到在加拿大、美国或欧洲能见到的每颗主要的星星和星座，但猎户座的主要局限是它只有在11月末和4月初才能被看见。

星星的传说

大北斗七星和小北斗七星（大熊星座和小熊星座）

有一个希腊传说讲的是一个名叫卡利斯托的女神的故事，她很不幸地与众神之王宙斯坠入爱河，宙斯非常喜欢听卡利斯托唱歌，每天宙斯都离开宝座到森林中去听她唱歌，宙斯的妻子赫拉非常妒忌卡利斯托。有一天，赫拉又像往常一样，妒忌得发狂，她将卡利斯托变成了一只毛发蓬乱的熊。赫拉对这个无辜的女神进行了如此的报复还不满足，又将卡利斯托放逐到了她的儿子阿卡斯打猎的森林里，阿卡斯没有认出他的母亲，他拔出弓箭就瞄准，再有一秒钟他就要射穿卡利斯托的心脏了，就在这千钧一发的时刻，宙斯把阿卡斯也变成了熊，救了卡利斯托，宙斯将这对母子送到了天空中，从此他们永不再分开。

天龙座

希腊人中流传着许多关于天龙座的故事，其中一个讲的是：一位名叫卡德默斯的勇士遵照女神阿西纳的命令杀死了天龙之后，女神又命令卡德默斯拔出这条龙的牙齿种在地里。卡德默斯刚刚把这些事情做好，龙的牙齿就发芽长为一群全副武装的斗士，他们准备好了战斗，他们身上的盔甲与剑碰撞，发出响声，这些斗士盯着卡德默斯的样子，让他很不喜欢，女神阿西纳告诉卡德默斯把一块石头扔到这些斗士当中，石块砸到了一个斗士，这个斗士立刻就开始攻击站在他旁边的斗士，站在他们旁边的斗士也都加入了战斗，很快整个军队相互残杀乱作一团，没多久，就只剩下五个斗士了，他们都已精疲力竭，没有力气继续战斗，卡德默斯劝他们丢掉武器，这五个人后来成为卡德默斯的得力助手。从此以后，"种龙的牙齿"就表示挑起事端的意思。天龙被放置在高空，这样就没人可以播种他的牙齿，再导致祸端了。

仙后座与仙王座

安德米达是埃塞俄比亚国王塞浮斯和王后卡西匹亚的美丽的女儿，卡西匹亚自己也是位美丽的女人，她和她的女儿是一对令人震惊的美人。但不幸的是，卡西匹亚非常自负，她愚蠢地吹嘘说她和她的女儿比海中的女神还要漂亮，海中女神听了这件事很生气，就来到她们的保护神——海神波赛东那里，哭诉她们受到了侮辱，海神决定给这些自高自大的凡人一个教训，他制造了一个名叫塞托斯的海怪，让它去摧毁埃塞俄比亚。"Cetos"在希腊话中是"鲸"的意思，但塞托斯一点儿也不像鲸，它的身体长得很长，像一条蛇，头长得很邪恶，还长着像野猪一样的獠牙。

为了完成这项毁坏任务，塞托斯游到了埃塞俄比亚的海岸，狂野而兴奋地咆哮，它在铺满岩石的海岸游动，把它蛇一样的脖子伸入内陆许多尺，用它长满锋利牙齿的嘴来咬人，许多埃塞俄比亚的人都被吞食了，剩余的人躲在房子中不敢出去。塞浮斯命令士兵用箭射这只怪兽，但锋利的箭头只能在它坚硬的鳞片上滑落，塞浮斯询问神谕得知，除去怪兽的唯一方法就是牺牲安德米达来平息波赛东的怒火，于是塞浮斯让人把安德米达用铁链绑到海岸边的岩石上，悲伤地站在一旁等待着她悲惨命运的降临。

就在这时，一位名叫珀修斯的勇士出现了，他穿着能飞行的鞋在空中飞行，当他看到一个美丽的少女被铁链绑在岩石上，而一群人站在一个安全的地方啜泣时，就降下来询问事情的缘由，安德米达立刻将事情的经过告诉了他。她刚说完，那个怪兽就出现了，看见自己的美餐就乐得在水中跳来跳去。珀修斯问塞浮斯和卡西匹亚如果他杀死塞托斯他们是否愿意将安德米达嫁给他，他们同意了他的要求后，就急忙向后退。珀修斯飞到了空中，绕着怪兽转，然后飞下来用他有魔力的镰刀把怪兽的头砍了下来，塞浮斯和卡西匹亚企图违背他们将女儿嫁给珀修斯的诺言，但安德米达已经爱上了这个年轻英俊的救命恩人，并坚持要举行婚礼。在他们死后，塞浮斯、卡西匹亚、安德米达和珀修斯被安置在群星中，向人们展示他们的故事，骄傲的卡西匹亚受到惩罚，被绑在椅子上，安置到了一个很不舒服的位置，当随着她的恒星环绕北极星运动，她还要忍受连续半年的被倒挂的痛苦。

一闪一闪亮晶晶

并不是所有的星星都是同样亮的，试做以下的简易装置去测一下各种星的亮度。

材料：

轻纸盒；镍币；剪刀；直尺；铅笔；干净无皱的玻璃纸；订书机；胶带。

步骤：

1.剪两张规格为27厘米×7厘米的纸板。

2.沿着一个纸板的中心，画一条虚线，每隔4.5厘米在中心线上做一个标记，以每个标记为中心画一个圆。把圆内部分剪掉，那样就得到了5个圆孔。

3.把这张纸板放在另一张纸板上，把圆孔印到那张纸板上，剪成小孔。

4.剪下15个4厘米×7厘米的小玻璃纸块。

5.把一个纸板放在桌上，用一片玻璃纸块把第一个孔盖上；用两块盖上第2孔；以此类推，用5块盖上第5个孔，用胶带把玻璃纸块固定好。

6.把另一块纸板放在这一堆的顶端，把孔对上，把玻璃纸块与纸板钉在一起。

7.把小孔标上1—5，有5块玻璃纸块的孔作为数字1。

8.先是不用这个装置看星体。接着，透过1号孔看星体，看一看是否能看到星星？如果能通过1号孔看到星体（有最多玻璃纸块的孔），那它是一颗明亮的星，属于一等星或更亮的星，如果可以通过3号孔看到星星，那它就是3等星。如果通过5号孔你也看不到星体，但用肉眼可以见到，那么它是6等星。

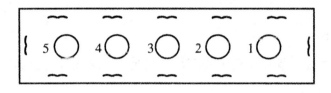

话题：恒星　测量

星星的亮度可用两种方式来表示：实际亮度与表面亮度。实际亮度的不同是由于星体之间温度的不同所导致的，表面亮度就是在地球上观测到的星体的亮度。距离地球远的明亮的星星也许看起来和距离地球近不甚明亮的星星一样亮。

希腊天文学家希普金斯根据表面亮度对天体进行了分类。他把星体分成六大类：最亮的星标记为"1"，很模糊的星星是"6"（最模糊的星体在很晴朗的夜晚不用望远镜也是可见的）；其余的星体则介于其间，数字越低（也就是说在1—6这个标准上），越是"明亮"。这个系统自使用以来已得到了改善，但大体上仍保持不变。星的亮度每差一等，它的亮度就增或减2.5倍，例如，一级亮度的星就比二级亮度的星亮2.5倍，并且是三级亮度星的2.5×2.5（约6）倍。2.5，6，16，40和100等数字就是分别来形容1，2，3，4，5，6等不同亮度星在亮度上的区别，由于新发现的一些星比原来制定的星要亮或暗得多，所以星等的判断标准被进一步扩展了（暗的星用更大的正数，亮的星用负数），利用世界上最先进的望远镜，已经发现了28等星，至于相反的极端，最明亮的星的亮度是—26，比6等星亮6万亿倍，一等星或比它还亮一些的星只有22颗，这就是那些能吸引一般观察者注意力的星体。天狼星，夜空最亮的星（冬天可观测到）的亮度是—1，更亮的行星是木星，亮度为—3；金星—4和火星，亮度在—2与—3之间。

星座寻踪

制造一个寻星镜来帮助你在南半球或北半球寻找特定晚上可见的星星。

材料：

地图和柜架的复印件；轻纸板；胶水；铅笔；胶带；剪刀；铜制小扣钉。

步骤：

1.仔细观察一下地图，你所在的半球，哪些星座是可见的？哪些星座在你那半球可见，在另一半球也可见？哪些星座是只有在另一半球才可以看见的？为什么？

2.你可以只用地图帮你找星座，或者你可以做一个寻星镜，要做此装置，印制你那半球的地图或仪器的框架，用胶水把它们粘到纸板上。

3.切除圆地图周围任何多余的地方，沿着虚线，剪出框架，把架子放在纸板上且画出它的外边缘。接着，从纸板上剪出框架形状，这构成了寻星镜的底座。

4.在地图的中心和底的中心弄一个小洞（北极星在北半球，圆环在南半球），把地图放在寻星镜的底座上并用一个扣钉穿过地图和底座上的孔。把寻星镜的框架置于地图上，通过框架上的狭缝要能看到地图上的日期，把框顶的两角粘到底座上，地图应当能在底座与框架之间自由转动。

5.寻星镜对位于南北半球中纬度地区的人会很有帮助，它是依据标准时间设置的，旋转地图以便观察日期与框上的观察时间相搭配。框架上椭圆形内的星星将就星星出现的日期与时间，把寻星镜置于你的头顶，使北极指向北方，椭圆形的中部代表你所在头顶的天空（顶端），椭圆形的外延边显示了在你周围东、南、西、北四方的星星。例如，如果你用北半球的地图并把寻星镜置于11月1日晚10点钟的位置，就会在北面的地平线上看到北斗七星。

仙女座几乎就在你的头顶。猎户座在东方的地平线上。天鹰座将出现在西方的地平线上。

6.变化：把一个用于北半球的寻星镜和一个用于南半球的寻星镜合在一起，把两个寻星镜对准相同的日期和时间，然后比较一下可以看到的星座。

话题：恒星　制图　地球

当你首次寻找星座的时候，会很困难，因为所有的星星都呈现在夜空里，并且当它们汇集成图时，各种星座看起来都是不同的。寻星镜对你的最初定位会有所帮助，一旦你找到了一个星座，就会很容易再次找到它。下面的图只是列出了较重要的，在每个半球经常可见的星座。因此，星座的形状在更加详细的地图中会稍有不同。

处于不同纬度的人能看到夜空中的不同天体，在北极的人永远也不会看到在南极可以看见的星体，北半球的一些基本星座在文中会提到，在南半球，找一找南极座（勉强可视）和南十字座在两半球寻找猎户座、飞马座、处女座、大犬座、双子座和天鹰座。地球上的每个人在夜空中都能看到天空的一道光，那是银河，银河是由星体、气体和灰尘构成的星系，太阳就是其中的一颗星。距离地球较近的星系，仙女座，在北方的夜空隐约可见，在南半球的人可以看到另外两个星系，它们是大小疏散星团。